# KOCHEN
# MIT ELEKTRIZITÄT ODER
# GAS

VON

## Dr. rer. oec. RUDOLF TAUTENHAHN

TECHNISCHER DIPLOM-VOLKSWIRT

MIT 31 ABBILDUNGEN

MÜNCHEN UND BERLIN 1933

VERLAG VON R.OLDENBOURG

Druck von R. Oldenbourg, München.

# Vorwort.

Seit einigen Jahren stehen die Elektrizitätswerke und Gaswerke in einem scharfen Wettbewerb um die Energieversorgung des Haushalts. »Elektrizität in jedem Gerät« und »Elektrizität im Kochgerät« sowie »Elektrizität im Warmwassergerät« sind die Werbeworte der Elektrizitätswerke, während die Gaswerke dem Verbraucher zurufen »Koche, brate, backe, bade nur mit Gas!«

Der Konkurrenzkampf zwischen den Vertretern der beiden Energiearten hat zum Teil sehr heftige Formen angenommen. Behauptung steht gegen Behauptung[1]) und in der Fachpresse wird bisweilen vom »technischen Bruderstreit«[2]) gesprochen.

Hingewiesen sei auf die zum Teil sehr polemischen Erörterungen über die Elektrowärmeversorgung der Siedlung Römerstadt in Frankfurt a. M., die schließlich eine ausführliche Denkschrift der zuständigen städtischen Ämter notwendig machten, welche dann wiederum von der Frankfurter Gasgesellschaft scharf kritisiert wurde.

Weiter seien hier die folgenden Ausführungen[3]) aus einem Vortrag von Dir. Dr. Nübling, Stuttgart, auf der 1931er Hauptversammlung des deutschen Vereins von Gas- und Wasserfachmännern e. V. wiedergegeben:

»Jeder Kaufmann preist seine Ware; jeder rückt sie ins günstige Licht. Der reelle Kaufmann sagt dem Kunden stets die Wahrheit, auch wenn es nicht immer in seinem eigenen Interesse liegt; denn er will den Kunden wiedersehen. Der anständige Kaufmann schilt nicht über die Konkurrenz, weil er es nicht nötig hat, und weil es dem Kunden nicht gefällt. Wie sieht es nun mit unseren Produkten ‚Gas‘ und ‚Strom‘ aus? Wird da und wurde da immer nach den Grundsätzen des reellen anständigen Kaufmanns gehandelt? Ich sage: Nein!«

Schließlich geht die Schärfe der Auseinandersetzungen ganz besonders aus dem Text und der Notwendigkeit der folgenden Verein-

---

[1]) »Der Werbeleiter« 1930, Sondernummer S. 10.
[2]) Dgl. S. 8.
[3]) »Das Gas- und Wasserfach« 1931, Heft 30, S. 700.

barung[1]) hervor, die zwischen den Spitzenverbänden der deutschen Gaswerke und der deutschen Elektrizitätswerke im Mai 1931 abgeschlossen wurde.

Vereinbarung. Von dem lebhaften Wunsch geleitet, im Wettbewerb von Gas und Elektrizität für die Zukunft scharfen gegensätzlichen Bekundungen vorzubeugen, haben die Vorstände des Deutschen Vereines von Gas- und Wasserfachmännern e. V. und der Vereinigung der Elektrizitätswerke e. V. die folgende Vereinbarung getroffen:

»Der Deutsche Verein von Gas- und Wasserfachmännern und die Vereinigung der Elektrizitätswerke verständigen sich dahin, daß sie selbst sich in ihrer Propaganda gegenseitiger Angriffe, mittelbarer und unmittelbarer, enthalten und ihren Einfluß auf die ihnen nahestehenden Organisationen in gleichem Sinne ausüben werden. Das gleiche gilt für Ausstellungen.«

Unsere Bitte ist, daß allgemein nach dieser Richtlinie verfahren wird.

Berlin, im Mai 1931.

| Der Vorsitzende des Deutschen Vereins von Gas- und Wasserfachmännern e. V. | Der Vorsitzende der Vereinigung der Elektrizitätswerke e. V. |
|---|---|
| H. Müller. | Jahncke. |

Durch die vorstehend wiedergegebene Vereinbarung sind wohl die äußeren Formen des Wettbewerbes, wenigstens in Deutschland, gemildert, aber nicht seine Ursachen beseitigt worden, die in folgendem begründet sind.

Das Gas ist die ältere Energieart, die der jüngeren Schwester Elektrizität in den letzten Jahrzehnten schon auf verschiedenen Absatzgebieten in beträchtlichem Umfang Platz machen mußte. So ist das Gas in der Hausbeleuchtung immer mehr durch die Elektrizität verdrängt worden, während es sich in der großstädtischen Straßenbeleuchtung verhältnismäßig gut behaupten konnte. Auf dem Gebiet der Kraftversorgung setzte sich der Elektromotor in einem solchen Ausmaße durch, daß der Gasmotor zur Zeit in Deutschland nur noch eine untergeordnete Rolle spielt. Auf Grund dieser Entwicklung ist zur Zeit die Wärmeversorgung, und zwar besonders des Haushalts, das Hauptabsatzgebiet der Gaswerke. Etwa 75% der gesamten Gasabgabe entfallen auf den Haushaltverbrauch und zwar ganz überwiegend für Kochen und Warmwasserbereitung. So heißt es in dem Bericht[2]) von Oberingenieur Albrecht zur zweiten Weltkraft-Konferenz:

---

[1]) »Technische Monatsblätter für Gasverwendung« 1931, Heft 9, S. 129.
[2]) Gesamtbericht zur 2. Weltkraftkonferenz Band 2, Ber. Nr. 7.

»Das Rückgrat der Einnahmen des Gaswerkes ist nach wie vor das Haushaltgas.«

Die Elektrizitätswerke erblickten in der Kochstromlieferung bis vor wenigen Jahren ein wenig aussichtsreiches Absatzgebiet. Auf Grund von Forschungen der letzten Jahre ist hier aber eine grundlegende Wandlung eingetreten. Die Elektrizitätswerke versprechen sich jetzt von der Haushaltwärmeversorgung eine bessere Ausnutzung ihrer Anlagen. Außerdem hoffen sie, hierdurch einen Ausgleich für die in den letzten Jahren eingetretenen starken Rückgänge des industriellen Stromabsatzes zu erzielen, der das Hauptabsatzgebiet der Elektrizitätswerke darstellt und auf den im Jahre 1925 80%[1]) der gesamten Stromabgabe der deutschen öffentlichen Werke entfielen. So führte auf einer der Elektrowärmeversorgung des Haushalts gewidmeten Sondertagung der Vereinigung der Elektrizitätswerke, Berlin, im November 1931 der Geschäftsführer Dr. Passavant u. a. aus[2]):

»Bezüglich der Elektrowärme ringt sich auch international immer mehr die Erkenntnis durch, daß es das wichtigste Gebiet ist, das die Elektrizitätswirtschaft überhaupt bearbeiten kann, welches ihr eine Ausnützung ihrer Anlagen verspricht, die auf anderem Wege überhaupt nicht zu erreichen ist. Wir in Deutschland haben ja besonders die Aufgabe, durch das Eindringen der Elektrizität in den Haushalt der breiten Schichten unserer Bevölkerung einen Ersatz zu schaffen für die leider außerordentlich zurückgegangene Industriebelastung, von der wir nicht wissen, wann und ob sie wieder auf die frühere Höhe hinaufsteigen wird.«

Eine Entscheidung über die zweckmäßigste Form der Wärmeversorgung des Haushalts rührt somit an die Existenzbedingungen beider Wirtschaftszweige. Aus dieser grundsätzlichen Bedeutung erklärt sich daher auch in großem Umfang die Heftigkeit des in dieser Frage geführten Konkurrenzkampfes.

Die Entscheidung darüber, ob dem Gas oder der Elektrizität der Vorrang zukommt bzw. in welchem Umfang sie nebeneinander bestehen werden, wird vor allem davon abhängen, wieweit die beiden Energiearten sowohl vom Standpunkt des Verbrauchers, als auch von dem der Werke aus für die Wärmeversorgung des Haushalts besonders geeignet sind.

Diese Frage ist zur Zeit noch nicht geklärt. Wohl liegen zahlreiche Arbeiten vor, doch werden diese, da sie überwiegend von Elektrizitätswerks- oder von Gaswerksvertretern stammen, schon aus diesem Grunde von der Gegenseite meist als einseitig und tendenziös bezeichnet und

---

[1]) »Wirtschaft und Statistik« 1927, Heft 11, S. 497.
[2]) »Fortschritte in der Elektrifizierung des Haushalts« 1931, S. 5.

abgelehnt. Es besteht somit ein Mangel an objektiven und von neutraler Stelle durchgeführten Untersuchungen. Infolgedessen soll nachstehend der Versuch gemacht werden, einen Beitrag zur Klärung dieser Frage zu geben, und zwar soll besonders die Energieversorgung zur Speisenbereitung im Haushalt untersucht werden.

Im ersten Teil und auch in den der Selbstkostenkalkulation und den Belastungsverhältnissen der Werke gewidmeten Ausführungen des zweiten Teils der Arbeit wird jeweils ein Vergleich zwischen Elektrizität und Gas gezogen werden. Außerdem wird im zweiten Teil der Verlauf des elektrischen Kochens und seine Auswirkung auf die Werksanlagen und somit auch die Höhe der Kochstromselbstkosten behandelt werden, da diese Fragen für die Elektrizitätswirtschaft zwar von ausschlaggebender Bedeutung, aber noch nicht ausreichend erforscht sind. Am Schluß werden dann Wege gesucht, wie durch Messung und Erfassung des Haushaltgasverbrauchs Rückschlüsse auf die beim elektrischen Kochen zu erwartenden Verhältnisse gezogen werden können.

In Anbetracht der stark auseinandergehenden Meinungen über die hier zu behandelnden Fragen mag der Versuch, einen Beitrag zur Klärung zu geben, ziemlich kühn erscheinen. Wenn sich der Verfasser doch hierzu entschlossen hat, so ist dies auf folgende Gründe zurückzuführen:

Das zu untersuchende Gebiet ist, da es sowohl wirtschaftliche als auch technische Fragen umfaßt, besonders zur Bearbeitung durch einen technischen Volkswirt geeignet. Ferner hat der Verfasser durch eigene mehrjährige Tätigkeit in der Elektrizitäts- und Gaswirtschaft die Überzeugung von der dringenden Notwendigkeit einschlägiger, objektiver Untersuchungen gewonnen, und schließlich ist er zu dieser Arbeit von zahlreichen Elektrizitäts- und Gaswerken aufgefordert worden, die ihr Interesse an einer von jeder Parteilichkeit freien Untersuchung bekundet haben.

Der Verfasser nimmt hier Gelegenheit, zahlreichen deutschen und Schweizer Werken und Werksverbänden für die oft sehr umfangreiche Unterstützung bestens zu danken. Besonders seien hier die Akt.-Ges. Sächsische Werke, Dresden, die Dresdner Gas-, Wasser- und Elektrizitätswerke A.-G., Abteilung Gaswerke, Der Gasverbrauch, G. m. b. H., Berlin, und die Vereinigung der Elektrizitätswerke e. V., Berlin, genannt. Ganz besonders sei auch deutschen und Schweizer Hochschulprofessoren, insbesondere Herrn Prof. Dr. Gehrig und Herrn Prof. Dr. Pauer, Dresden, für Anregung und Beratung ergebenst gedankt.

Leipzig.                                   **Dr. rer. oec. Rudolf Tautenhahn.**

# Inhalts-Verzeichnis.

# Literatur-Verzeichnis.

## I. Bücher.

Albrecht, Hilfstabellen für den Gasverkäufer, Berlin 1926/30.

Ausschuß zur Untersuchung der Erzeugungsbedingungen der deutschen Wirtschaft III. Unterausschuß, Die deutsche Elektrizitätswirtschaft, Berlin 1929/30.

Dgl., Die deutsche Kohlenwirtschaft, Berlin 1929/30.

Dr. Brandt, Fritz, Der energiewirtschaftliche Wettbewerb zwischen Gas und Elektrizität um die Wärmeversorgung des Haushaltes, Wertheim a. M. 1932.

Der Gasverbrauch G. m. b. H., Berlin W 35, Leitsätze zum Gas-Ausbildungskursus.

Deutscher Verein von Gas- und Wasserfachmännern e. V., Berlin W 30, Gasstatistiken 1920—1931.

Dgl., Kalender für das Gas- und Wasserfach.

Elektro-Auskunft, Jahrbuch für Elektro-Gerät, Berlin-Charlottenburg 1930.

Franke, W. A., Leitsätze zum Gasausbildungskursus für Gewerbe- und Haushaltungslehrerinnen, Berlin.

Greineder, Dr.-Ing. Friedrich, Die Wirtschaft der deutschen Gaswerke, München und Berlin 1914.

Margis, Hildegard, Kochen — eine Freude, Kochbuch für die Elektrische Küche, Berlin-Charlottenburg.

von Miller, Oskar, Gutachten über die Reichselektrizitätsversorgung, Berlin 1930.

Mörtzsch, Dipl.-Ing. Fr., Elektrizität in Wohnhausbauten, Ein Hilfsbuch für Bauende, Berlin.

Dr. Müller, Herbert, Das ABC der Stromwerbung, Berlin 1930.

Rasche, Ob.-Ing. A., Lehrbuch für Installateure und Techniker des Gasfaches, Magdeburg-Frohse.

Ritter, Dipl.-Ing. E. Rich., Das elektrische Haus, Berlin-Charlottenburg.

Rheinisches Braunkohlen-Syndikat, Köln, Braunkohlen-Anhaltszahlen.

Schultheiß, Dr. L., »Heimtechnik«, München und Berlin.

Schweizerischer Verein von Gas- und Wasserfachmännern, Zürich 1929, Statistische Erhebungen.

Schweizerischer Wasserwirtschaftsverbrauch, Führer durch die Schweizerische Wasserwirtschaft.

Vereinigung der Elektrizitätswerke, e. V., Berlin, Betriebsstatistiken 1920—1931.

2. Weltkraftkonferenz, Berlin 1930, Gesamtberichte, insbesondere: Band I: Elektrizitätsverwendung; Band II: Gaserzeugung und -verwendung.

## II. Zeitschriften und Zeitungen.

»Archiv für Wärmewirtschaft und Dampfkesselwesen«, Berlin NW 7.

»Bulletin des Schweiz. Elektrotechnischen Vereins«, Zürich.

»Der Elektro-Markt«, Allgemeiner Anzeiger für Stark- und Schwachstrom, Pößneck (Thür.).

»Der Schweizerische Energie-Konsument«, Offiz. Organ des Schweiz. Energie-Konsumenten-Verbandes, Zürich.

»Der Werbeleiter«, Monatsschrift für Elektrizitätswerbung, Vereinigung der Elektrizitätswerke e. V. Berlin.

»Elektrizitäts-Verwertung«, Internationale Zeitschrift für Elektrizitätsverwertung, Zürich.

»Elektrizitätswirtschaft«, Mitteilungen der Vereinigung der Elektrizitätswerke e. V. Berlin.

»Das Gas- und Wasserfach«, Wochenschrift des Deutschen Vereins von Gas- und Wasserfachmännern e. V., Berlin-München.

»E.T.Z.«, Elektrotechnische Zeitschrift, Organ des Elektrotechnischen Vereins und des Verbandes Deutscher Elektrotechniker, Berlin.

»Gas-Mitteilungen« der Hauswirtschaftlichen Versuchsstelle der Gasverbrauch G. m. b. H., Berlin.

»Haushalt und Wirtschaft«, Reichsverband deutscher Hausfrauenvereine, Berlin-Charlottenburg.

»Hauswirtschaft in Wissenschaft und Praxis«, Mitteilungsblatt der Versuchsstelle für Hauswirtschaft des Reichsverbandes deutscher Hausfrauenvereine, Leipzig.

»Monatsbulletin des Schweiz. Vereins von Gas- und Wasserfachmännern«, Zürich.

»Schweizerische Wasser- und Elektrizitätswirtschaft«, Schweizerischer Wasserwirtschaftsverband, Zürich.

»Technische Monatsblätter für Gasverwendung«, Der Gasverbrauch G. m. b. H., Berlin W 30.

»VDI«, Zeitschrift des Vereins deutscher Ingenieure.

»Wirtschaft und Statistik«, Statistisches Reichsamt, Berlin.

### III. Denkschriften und Berichte.

Der Elektrische Haushalt in der Siedlung Römerstadt, Denkschrift des Wasser-, Elektrizitäts- und Gasamtes, Hochbauamt und Maschinenamt, Frankfurt/Main.

Elektrowärme, Bericht über die Fachtagung der Vereinigung der Elektrizitätswerke e. V., Berlin 1930.

Fortschritte in der Elektrifizierung des Haushalts, Verhandlungsbericht der Vereinigung der Elektrizitätswerke e. V., Berlin 1931.

Mitteilungen der Reichsforschungsgesellschaft für Wirtschaftlichkeit im Bau- und Wohnungswesen, e. V., über Technische Tagung in Berlin 1929, Grundrißgestaltung und Hauswirtschaft.

Normen für die Untersuchung von Gaskochern und Kocherteilen der Gasherde für den Haushalt, Deutscher Verein von Gas- und Wasserfachmännern e. V., Berlin.

Richtlinien zur Ermittlung der Gestehungskosten elektrischer Arbeit. Vereinigung der Elektrizitätswerke e. V., Berlin 1927.

Report of Domestic Cooking and Water Heating Committee 1925—26, Commercial National Section, National Electric-Light Association, New-York City.

Tarifwesen und Konsumerhöhung, Bericht über Sondertagung der Vereinigung der Elektrizitätswerke e. V., Berlin, Januar 1928.

### IV. Sonderdrucke.

Blum, Hans A., »Gas und Elektrizität im Haushalt«, Frankfurt/Main 1929.

Grimm, Robert, »Gas und Elektrizität«, Zürich 1929.

Keller, Paul, »Die Elektrizität im Dienste der Hausfrau«, Bern 1928.

Laufer, Haushalt und Elektrizitätswerk, Siemens-Jahrbuch 1929, 2. Auflage.

Dr.-Ing. H. F. Müller und Dipl.-Ing. Fr. Mörtzsch, »Vergleichsgrundlagen für den Elektrizitäts- und Gasverbrauch im Haushalt«, Berlin 1929.

Schläpfer, Dr. P. und J. Rutishauser, »Vergleichende Untersuchungen an häuslichen Heiz- und Kocheinrichtungen«, Sonderdruck aus Bulletin des Schweiz.
Vereins von Gas- und Wasserfachmännern, Zürich 1921.

Seippel, Dir. H., »Die Zukunft der deutschen Gaswirtschaft«, Sonderdruck aus
»Der deutsche Volkswirt«, Berlin 1930.

Wüger, Ing. H., »Die elektr. Küche, ihr Energiebedarf mit und ohne Heißwasserspeicher und ihr Einfluß auf die Belastungskurve des Werkes«, Sonderdruck aus
Bulletin des Schweizer Elektrotechnischen Vereins, Zürich 1929.

## V. Geschäftsberichte, Abnehmerzeitschriften, Kataloge.

Geschäftsberichte von etwa 100 deutschen und schweizerischen Elektrizitäts- und
Gaswerken.

Abnehmerzeitschriften von etwa 30 deutschen und schweizerischen Elektrizitäts- und
Gaswerken.

Kataloge und Prospekte führender Fabrikationsfirmen von Elektrizitäts- und Gasgeräten.

# Untersuchung vom Verbraucherstandpunkt aus.

## Erster Teil.

### Zusammenfassung der für den Verbraucher wichtigen Gesichtspunkte.

Für den Verbraucher sind hauptsächlich folgende Gesichtspunkte von Bedeutung:

  I. Energiekosten,
 II. Heizwert, Wirkungsgrad und Äquivalenzziffer,
III. Verdampfungsverluste,
 IV. Zubereitungs- und Bedienungszeit, Bequemlichkeit,
  V. Nährwert und Schmackhaftigkeit der Speisen,
 VI. Hygiene,
VII. Beschaffungskosten, Lebensdauer und Instandhaltungskosten von Installationen und Meßgeräten, Kochern und Herden, Geschirr,
VIII. Verfügbarkeit, Zuverlässigkeit der Lieferung, Sicherheit gegen Gefahr.

Für einen Vergleich zwischen Elektrizität und Gas alle diese Faktoren auf einen Generalnenner zu bringen, sie beispielsweise in Mark und Pfennig zu bewerten, ist infolge ihrer Verschiedenartigkeit nicht möglich. Da weiterhin bei jedem der genannten Gesichtspunkte wiederum verschiedene Fälle in Betracht zu ziehen sind und je nach Lage der Verhältnisse die einzelnen Punkte zu bewerten sind, kann die Frage, ob das Gas oder die Elektrizität im Küchenbetrieb den Vorzug verdient, in einer allgemeingültigen Form nicht beantwortet werden.

Der hier vorliegende Fall, daß auf eine gestellte Frage je nach den zugrunde gelegten Voraussetzungen zahlreiche Antworten möglich und richtig sind, ist in der Wirtschaftspolitik oft gegeben. Eine Entscheidung kann dann nur unter bestimmten Annahmen und Bedingungen getroffen werden, die den jeweils gegebenen Verhältnissen aufs beste entsprechen müssen. Bei der Bewertung wirtschaftspolitischer Beschlüsse ist daher immer zu berücksichtigen, unter welchen Voraussetzungen sie zustande kamen.

Unter Beachtung dieser Überlegung ist auch auf die hier zu untersuchende Frage bei bestmöglicher Annäherung an die gegebenen Verhältnisse eine Antwort zu finden.

Nachstehend sei der Versuch gemacht, die oben unter I bis VIII angeführten Gesichtspunkte zunächst je für sich zu erörtern und dann die Einzelergebnisse in einem Gesamturteil zusammenzufassen. Am gründlichsten soll Punkt II, Heizwert, Wirkungsgrad und Äquivalenzziffer, behandelt werden, da hierüber die Ansichten der Elektrizitäts- und Gaswerke am weitesten auseinandergehen.

# I. Energiekosten.

In der Öffentlichkeit ist häufig die Annahme verbreitet, daß die Preise für elektrischen Strom zu hoch seien, um ein wirtschaftliches Kochen mit Strom zu ermöglichen, während durch die weite Verbreitung des Gaskochens bewiesen ist, daß die Verwendung des Gases im Küchenbetrieb nicht zu teuer ist. Die Ansicht über die Strompreise stützt sich auf die den Privatverbrauchern in erster Linie bekannten Kleinabnehmer-Lichtstrompreise, die überwiegend etwa 35 bis 45 Pf. je Kilowattstunde (kWh) betragen und in dieser Preislage ein wirtschaftliches elektrisches Kochen bestimmt nicht ermöglichen. In den letzten Jahren vor allem sind aber von den Elektrizitätswerken in großem Umfange besondere Kochstromtarife eingeführt worden, nach denen sich, besonders bei regelmäßiger Stromverwendung, Preise von etwa 8 bis 12 Pf. je kWh ergeben. Weiter haben die Werke häufig auch noch besonders ermäßigte Nachtstrompreise, meistens in der Größenordnung von 5 bis 8 Pf. je kWh, geschaffen, die im Haushalt hauptsächlich für die Heißwasserbereitung in Speichern, die in der Nachtzeit elektrisch geheizt werden, in Betracht kommen.

Der Verbraucher, der sich für die Verwendung von Gas oder elektrischem Strom entscheiden will, wird sich, da er von den Einheiten Kilowattstunde (kWh) und Kubikmeter Gas ($m^3$) meistens nur eine recht unklare Vorstellung hat, mit Angaben über den Preis je kWh und $m^3$ Gas nicht begnügen. Auch mit den vorwiegend von Elektrizitätswerken, weniger von Gaswerken, aufgestellten Normal-Verbrauchszahlen dürfte er sich nicht zufrieden geben, zumal auch die Werke selbst darauf hinwiesen, daß es sich hier nur um Durchschnittswerte handelt, die im Einzelfall ganz wesentlich anders liegen können. Der Verbraucher wird sich daher meistens die Frage vorlegen, welche Energiekosten bei Verwendung von Strom oder Gas entstehen.

Da die Energiepreise bei den einzelnen Werken meist verschieden sind, wird bei einer nicht nur auf spezielle, sondern auf ganz allgemeine Verhältnisse bezogenen Betrachtung die Frage lauten, wie sich der Nutzeffekt einer kWh zu dem eines $m^3$ Gas verhält oder wieviel kWh nötig sind, um 1 $m^3$ Gas zu ersetzen. Ist hier eine Klärung erzielt, so ergibt sich dann im speziellen Fall das Verhältnis der Energiekosten durch

Einsetzen der jeweiligen Preise je Verbrauchseinheit unter Beachtung der Unterschiede von Tag- und Nachtstrom.

Die gestellte Frage führt zur Behandlung von Punkt II.

## II. Heizwert, Wirkungsgrad und Äquivalenzzahl.

### A. Heizwert.

Um einen Vergleich des Heizwertes der Meßeinheiten Kilowattstunde (kWh) und Kubikmeter (m³) Gas durchführen zu können, ist es notwendig, eine Umrechnung in Heizwert-Einheiten vorzunehmen.

Die Umrechnung der elektrischen Arbeitseinheit steht fest, und zwar beträgt der Heizwert einer kWh 860 kcal (Kilogrammcalorien).

Der Heizwert eines m³ Gas kann dagegen sehr verschieden sein. Zu unterscheiden ist zwischen oberem und unterem Heizwert, und weiter besteht eine Abhängigkeit von der Zusammensetzung und von Druck und Temperatur des Gases.

Das »Gas« ist ein Gemisch verschiedener Gase, in dem u. a. auch Wasserstoff enthalten ist. Verbrennt der Wasserstoff, d. h. verbindet er sich mit dem Sauerstoff der Luft, entsteht Wasserdampf. Wird der Wasserdampf als Wasser niedergeschlagen, wird die Verdampfungswärme von 539 kcal je Liter Wasser frei. Hierauf beruht die Unterscheidung zwischen oberem und unterem Heizwert. Der obere Heizwert ($H_o$) gibt die gesamte, der untere Heizwert ($H_u$) dagegen nur die um die erwähnte Verdampfungswärme verminderte Verbrennungswärme an. Da bei der Gasverwendung im Haushalt die Verdampfungswärme meistens nicht ausgenützt werden kann, sondern der Wasserdampf mit den Abgasen entweicht, kommt praktisch nur der untere Heizwert in Frage, der etwa um 10 % unter dem oberen liegt.

Der Heizwert ist weiter von der Zusammensetzung des Gases abhängig. Das Gas besteht vorwiegend aus Wasserstoff (H), Kohlenoxyd (CO) und Methan ($CH_4$), die die eigentlichen Wärmeträger sind, ferner aus Äthylen ($C_2H_4$) und Benzol ($C_6H_6$), die vor allem als Lichtträger in Betracht kommen, und schließlich aus Kohlendioxyd ($CO_2$) und Stickstoff ($N_2$), die inerte, d. h. für die Wärmeerzeugung unnütze Bestandteile sind. Das aus der Entgasung von Steinkohle gewonnene Steinkohlengas, das in Deutschland nur von wenigen, in der Schweiz dagegen von vielen Werken abgegeben wird, hat einen höheren Gehalt an den eigentlichen Wärmeträgern und somit einen höheren Heizwert als das von den meisten deutschen Werken abgegebene Mischgas, in dem reines Steinkohlengas mit dem aus der Vergasung von Koks gewonnenen und nur $H_2$, CO, $CO_2$ und $N_2$ enthaltenden Wassergas gemischt ist.

Es liegt in der Hand eines jeden Gaswerkes, Gas von einem bestimmten, innerhalb gewisser Grenzen gelegenen Heizwert abzugeben. Um hier eine gewisse Einheitlichkeit zu erzielen, sind von den Gasverbänden Normal-Richtlinien aufgestellt worden.

Da das Gas nach Raumeinheiten (m³) verkauft wird, und das Volumen eines Gases von Temperatur und Druck abhängig ist, wird auch bei bestimmter Zusammensetzung der Heizwert eines m³ Gas durch Druck und Temperatur verändert. Nach dem vereinigten Boyle-Mariotte-Gay-Lussacschen Gesetz wird bei erhöhter Temperatur das Volumen größer und damit der Heizwert des Gases je m³ kleiner, während bei erhöhtem Druck das Volumen kleiner und damit der Heizwert größer wird und umgekehrt.

In der Gastechnik wird daher, um einen festen Maßstab zu gewinnen, eine Umrechnung in einen Normalzustand vorgenommen. Hierbei wird allgemein eine Temperatur von 0° Cels. und ein Druck von 760 mm Quecksilbersäule zugrunde gelegt. Der Druck von 760 mm stellt die Summe von atmosphärischem Druck und Fließdruck des Gases dar.

Das in Deutschland fast allgemein verwendete Mischgas wird gemäß den vom »Deutschen Verein von Gas- und Wasserfachmännern« aufgestellten Richtlinien als normal betrachtet, wenn es einen oberen Heizwert von 4000 bis 4300 WE je m³ bei 0° C und 760 mm Quecksilbersäule besitzt. Der untere Heizwert ($H_u$) beträgt dann 3600 bis 3870 kcal.

Das im Haushalt zur Verwendung kommende Gas hat durchschnittlich nicht eine Temperatur von 0° C, sondern von etwa 10 bis 15° C, und der aus atmosphärischem Druck und Gasfließdruck sich ergebende Gesamtdruck beträgt meist teils mehr, teils weniger als 760 mm QS. Infolgedessen weicht der Heizwert des beim Verbraucher gemessenen Gases von dem obengenannten Heizwert oft erheblich ab. Für die Umrechnung eines bei 0° C und 760 mm ermittelten Heizwertes in den bei anderer Temperatur und anderem Gesamtdruck sich ergebenden Heizwert sind spezielle Formeln entwickelt und Reduktionstabellen aufgestellt worden. Diese Tabellen geben je nach Gesamtdruck und Temperatur bestimmte Faktoren an, mit denen der bei 0° C und 760 mm bestimmte Heizwert zu dividieren ist. Bei einer Gastemperatur von 15° C und bei einem Gesamtdruck (Luftdruck + Gasfließdruck) von 760 mm ergibt sich nach diesen Tabellen ein Faktor von 1,073, und für das normale Mischgas ein unterer Heizwert von 3350 ÷ 3600 kcal.

Bei allen Vergleichen zwischen den Energieeinheiten Kilowattstunde und Kubikmeter Gas sind daher stets genaue Angaben über Heizwert und Zustand des Gases erforderlich.

Angenommen, daß der wirkliche untere Heizwert des zur Verfügung stehenden Mischgases im speziellen Falle 3500 WE beträgt, ergibt sich bei Gegenüberstellung der vollen Heizwerte, daß die Äquivalenzzahl (Gleichwertigkeitszahl)

$$3500 \text{ kcal (Gas)} : 860 \text{ kcal (kWh)} = 4{,}07$$

ist, so daß also in diesem Falle der Heizwert eines Kubikmeters Gas theoretisch etwa viermal so hoch wie der einer Kilowattstunde ist.

Mit der Errechnung dieser Verhältniszahl ist aber die im Schluß-abschnitt I (Energiekosten) gestellte Frage, wieviel kWh nötig sind, um 1 m³ Gas zu ersetzen, noch nicht beantwortet, da nur die Heizwerte der beiden Energieeinheiten, dagegen nicht der bei ihrer Anwendung sich ergebende Nutzeffekt berücksichtigt ist. Dies führt zur Behand-lung von Punkt II B.

## B. Wirkungsgrad.

### 1. Definition des Wirkungsgrades und Möglichkeit seiner Ermittlung.

Der Wirkungsgrad ist das Verhältnis zwischen gewonnener und auf-gewendeter Energie. Bei den hier zu behandelnden Wärmeunter-suchungen ist der prozentuale Wirkungsgrad

$$\eta = \frac{\text{gewonnene Wärmemenge (kcal)}}{\text{aufgewendete Wärmemenge (kcal)}} \cdot 100.$$

Die Äquivalenzzahl zwischen m³ Gas und kWh beträgt somit

$$\text{kcal/m}^3 \cdot \eta \; : \; \text{kcal/kWh} \cdot \eta$$

und bei Annahme eines unteren Gasheizwertes von 3500 kcal

$$3500 \text{ kcal} \cdot \eta \; : \; 860 \text{ kcal} \cdot \eta.$$

Aber auch die Beachtung dieser Formel führt noch zu keiner Klärung, da, wie nachstehend dargelegt wird, ein einheitlicher, allgemeingültiger Wirkungsgrad meistens nicht angegeben und zum großen Teil ein Wir-kungsgrad überhaupt nicht ermittelt werden kann.

Vergleichende Wirkungsgradermittlungen sind schon häufig durch-geführt worden, und zwar derart, daß bestimmte Wassermengen er-wärmt wurden und aus Wassermenge und Temperaturdifferenz die ge-wonnene, aus Strom- bzw. Gasverbrauch die aufgewendete Energie errechnet wurde. Diese Versuche betreffen aber nur einen kleinen Teil des »Kochens«, nämlich die Warmwasserbereitung und damit in größerem Umfange auch das Ankochen, während besonders das Fort- bzw. Gar-kochen, das Braten, Backen und Grillen hierdurch nicht erfaßt werden. Bei den Wassererwärmungsversuchen ist der Wirkungsgrad sehr ab-hängig von

Konstruktion und Zustand der verwendeten Geräte,
Material und Form (Höhe und Bodenfläche) der Töpfe,
Füllung der Töpfe,
Verhältnis von Bodenform und -fläche zu Größe, Form der Gas-
flamme bzw. der elektrischen Platte,
Verwendung und Abschluß von Deckeln u. a. m.

Da bei jedem dieser Faktoren wieder viele Einzelfälle möglich sind, ist ganz besonders bei Vergleichsuntersuchungen die Beachtung einheitlicher Richtlinien erforderlich, wie sie beispielsweise vom Verein Deutscher Gas- und Wasserfachmänner in den »Normen für die Untersuchung von Gaskochern für den Haushalt« aufgestellt worden sind.

Beim Fort- und Garkochen, beim Braten, Backen, Grillen usw. kann ein Wirkungsgrad nur sehr schwer bzw. überhaupt nicht ermittelt werden, da wohl die aufgewendete, dagegen meist nicht die gewonnene Energie gemessen werden kann. In diesen Fällen, die einen sehr großen Teil des eigentlichen »Kochens« ausmachen, bleibt zum Vergleich zwischen Elektrizität und Gas nur der Weg, als tertium comparationis das fertige Koch-, Brat- und Backprodukt selbst heranzuziehen. Es sind somit praktische Kochversuche mit möglichst gleichem Kochendergebnis durchzuführen, die dabei gemessenen Strom- und Gasverbrauchszahlen einander gegenüberzustellen und so die Äquivalenzzahlen für die verschiedenen Fälle zu ermitteln.

Vor näherem Eingehen auf derartige Untersuchungen dürfte es angebracht sein, zunächst kurz die Art der jeweiligen Wärmeerzeugung und die Gerätekonstruktion zu behandeln, um hieraus Gesichtspunkte für die weiteren Ermittlungen und für die Begründung der hierbei zu suchenden Ergebnisse zu gewinnen.

## 2. Wärmeerzeugung und Geräte.

### a) *Wärmeerzeugung.*

$\alpha$) Bei der Gasverwendung vollzieht sich ein chemischer, und zwar ein Verbrennungsvorgang, für den außer Gas noch Sauerstoff benötigt wird, der im allgemeinen der Raumluft entnommen wird. Eine besondere Abführung der entstehenden Verbrennungsprodukte ist bei den üblichen Haushaltkochern und -herden nicht nötig, wohl aber bei größeren Gasgeräten, z. B. Durchlaufapparaten mit erheblichen Leistungen. Das Mischungsverhältnis Gas-Luft muß, um eine optimale Verbrennung zu erzielen, genau einreguliert werden. Die bei der Verbrennung entstehenden Temperaturen sind von dem Luft-Gas-Gemisch abhängig und betragen ungefähr 1000 bis 1500° C.

$\beta$) Bei der Wärmeerzeugung mit elektrischem Strom handelt es sich nicht um einen chemischen Verbrennungs- sondern um einen physikalischen Erwärmungsvorgang. Ein Verbrauch der umgebenden Raumluft findet nicht statt. Die entstehenden Temperaturen sind abhängig von der Größe und Beschaffenheit der Heizkörperoberfläche, sowie von der Höhe der zugeführten Leistung. Sie liegen bei Hochleistungsplatten etwa zwischen 200° und 450° C.

*b) Geräte.*

Im Haushalt werden besonders verwendet:

Kocher, auch Tischherde genannt, die nur eine oder mehrere Brennstellen bzw. Kochplatten haben,

Herde, bei denen außer den Brennstellen bzw. Kochplatten noch ein oder mehrere Bratöfen sowie bisweilen auch Wärmeräume vorhanden sind,

Warmwassergeräte, die speziell zur Warmwasserbereitung dienen.

### α) Kocherbrenner und Kochplatten.

Bei einem Gaskocher-Brenner strömt das Gas über ein verstellbares Ventil (Gashahn) durch eine Düse hindurch, deren Breite und Form neben dem spezifischen Gewicht des Gases und dem Gasdruck vor der Düse ausschlaggebend für die hindurchströmende Gasmenge ist. Das Gas tritt dann in ein Mischrohr ein, in dem es etwa ein Drittel der erforderlichen Verbrennungsluft (Restluft) ansaugt und sich mit ihr innig mischt. Das Gas-Luft-Gemisch kommt dann zu dem kreisförmigen Brennerkopf, an dem es entzündet werden muß und der auch die Aufgabe hat, eine für die Erhitzung des Topfbodens günstige Flammenform zu erzeugen.

Der stündliche Gasverbrauch normaler Kocherbrenner beträgt etwa 400 bis 500 l und kann durch Drosselung des Ventils beliebig verkleinert werden und zwar bis zu etwa ein Sechstel oder ein Siebentel des Vollverbrauchs, also ungefähr 60 bis 80 l je Stunde, wodurch eine sehr gute Anpassung an den jeweiligen Wärmebedarf erreicht wird.

Der günstigste Wirkungsgrad eines Gasbrenners bei Verwendung üblicher Haushalttöpfe von 20 bis 22 cm Durchmesser wird nicht bei dem schon erwähnten Stunden-Vollverbrauch, sondern bei einer geringeren stündlichen Gasmenge erreicht. Da aber dann eine längere Ankochzeit erforderlich wäre, und ein Hauptvorteil des Gasherdes gegenüber dem Kohlenherd in der kurzen Ankochzeit liegt, ist der angegebene Normalverbrauch von 400 bis 500 l gewählt worden, so daß hier gewissermaßen ein Kompromiß zwischen Wirkungsgrad und kürzester Ankochzeit geschlossen ist.

Das Wesentliche der elektrischen Kochplatten ist die Erhitzung von Heizdrähten. Während früher häufig Glühkochplatten mit offenliegender Drahtspirale verwendet wurden, die den Nachteil leichter Verschmutzung, schlechter Reinigungsmöglichkeit, Kurzschlußgefahr, geringer Lebensdauer und eines niedrigen Wirkungsgrades haben, kommen heute in erster Linie geschlossene Kochplatten zur Verwendung. Bei diesen liegt der Heizkörper verdeckt und kann daher nicht verschmutzen. Kurzschlußgefahr ist kaum vorhanden und die Lebensdauer ist länger. Die Heizdrähte sind auf der Unterseite der meistens gußeisernen Kochplatte elektrisch isoliert eingepreßt und erwärmen diesen Gußkörper, von dessen plangeschliffener Oberfläche aus die Wärme auf den Kochtopf, und zwar in erster Linie durch unmittelbare Leitung, übertragen wird. Während die ursprünglichen geschlossenen Kochplatten nur verhältnismäßig niedrige Leistungen aufwiesen und damit den Nachteil langer Zubereitungszeiten hatten, ermöglichen die Hochleistungskochplatten eine hohe Wärmeabgabe und damit eine gegenüber den alten Kochplatten verkürzte Kochdauer. Die Kochplatten, deren Größe mit den Topfböden übereinstimmen soll, werden in Normalausführungen mit 14,5, 18 und 22 cm Durchmesser mit einer Nennaufnahme bei Volleinschaltung von 800, 1200 und 1800 Watt geliefert. Die Platten sind normal je in drei Leistungsstufen schaltbar, wodurch eine, zwar nur verhältnismäßig grobe, aber im praktischen Gebrauch immerhin ausreichende Reguliermöglichkeit erzielt wird.

Dadurch, daß vom Heizdraht aus zunächst die Heizplatte, die eine gewisse eigene Wärmekapazität hat, und erst von dieser aus das Kochgutgefäß erhitzt wird, verzögert sich die Erwärmung des Kochgutes. Weiter tritt auch bei Umschaltung der Platte auf eine andere Leistungsstufe die Auswirkung nicht sofort, sondern erst allmählich ein. Die in der Heizplatte gespeicherte Wärmemenge kann beim praktischen Kochen wohl teilweise, indem zum Garkochen nur die Speicherwärme verwendet oder bei Beendigung eines Kochprozesses auf die noch warme Platte ein Topf mit Wasser od. dgl. gestellt wird, aber niemals in vollem Umfange nutzbar gemacht werden und geht also zu einem Teil verloren. Zur Erzielung einer möglichst verlustarmen Wärmeübertragung sind Spezialtöpfe mit ganz ebenen und zur Erhaltung dieser Ebenheit noch verstärkten Topfböden, die wiederum eine nicht unbeträchtliche Wärmekapazität besitzen, erforderlich.

Da den Kocherbrennern bzw. Heizplatten im Küchenbetrieb eine besonders große Bedeutung zukommt, soll an Hand der nachstehenden graphischen Darstellungen ein Überblick über die Art der auftretenden Verluste gewonnen werden. Die auf S. 20 gezeichneten Wärmediagramme können nicht maßstäblich ausgewertet werden, da die Verhältnisse voll Fall zu Fall verschieden liegen. Besonders ist zu beachten, daß alle die wiedergegebenen Verlustquellen in ihrem Ausmaß nicht nur von den Geräten und Töpfen selbst, sondern ganz besonders auch von ihrer Bedienung abhängig sind. Gerade diesem rein persönlichen Faktor kommt im Haushalt eine erhebliche Bedeutung zu.

Sowohl die beim Gasdiagramm unter 5, 6 und 7 als auch die beim elektrischen Wärmediagramm unter 4, 5 und 6 genannten Verlustquellen sind durch die Kochgefäße nebst Inhalt bedingt und entsprechen daher einander ihrer Art, wenn auch nicht ihrem Ausmaß nach. Die unter 1, 2, 3 und 4 bzw. unter 1, 2 und 3 aufgeführten Verluste dagegen sind auf die speziellen Eigenschaften der Gas- und der Elektro-Wärmeerzeugung zurückzuführen und daher nach Art und Ausmaß verschieden.

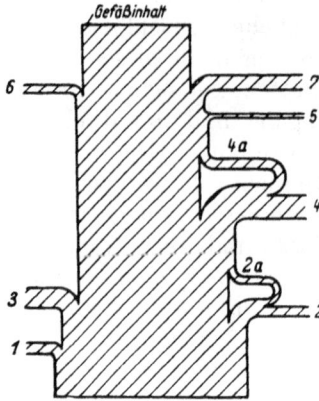

*Theor. Wärmeinhalt des Gases.*

Abb. 1. Wärmediagramm[1)]
der Gaskocher-Brenner.

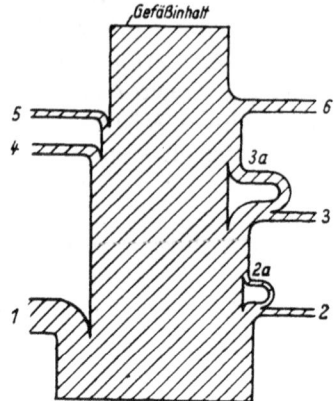

*Theoret. Wärmeinhalt des Stromes.*

Abb. 2. Wärmediagramm der
elektrischen Heizplatten.

Verluste durch:

1. unvollkommene Verbrennung,
2. Strahlungs- und Leitungsverlust der Flamme, wobei ein Teil (2a) durch Vorwärmung der sekundären Verbrennungsluft zurückgewonnen wird,
3. ungenutzt verstreute Heizgase,
4. Abgase, wobei ein geringer Teil (4a) durch Erwärmung der Gefäß-Seitenwände zurückgewonnen wird,
5. Erwärmung des Gefäßmaterials,
6. Verdunstung und Verdampfung des Gefäßinhaltes,
7. Leitung und Strahlung des Gefäßes.

Verluste durch:

1. Leitung und Strahlung infolge unvollständiger Berührung zwischen Kochplatte und Gefäßboden,
2. Strahlungs- und Leitungsverluste der Kochplatte, wobei ein Teil (2a) durch Erwärmung der Gefäß-Seitenwände zurückgewonnen wird,
3. Wärmekapazität der Kochplatte, wobei ein erheblicher Teil der Speicherwärme (3a) nutzbar gemacht wird,
4. Erwärmung des Gefäßmaterials,
5. Verdunstung und Verdampfung des Gefäßinhaltes,
6. Leitung und Strahlung des Gefäßes.

Die Auswirkung der unvollständigen Berührung zwischen elektrischer Heizplatte und Gefäßboden ist schon des öfteren untersucht und daraus die Wichtigkeit ebener Platten und Topfböden hergeleitet

[1)] Nach »Hilfstabellen für den Gasverkäufer« Heft 6, S. 5.

worden. In besonders eingehenden Untersuchungen hat Ing. Opacki[1]) nachgewiesen, daß die praktisch unvermeidbaren kleinen Luftspalte zwischen Plattenoberfläche und Gefäßboden die Wirtschaftlichkeit ganz bedeutend verschlechtern. So wurde in einem speziellen Wassererwärmungs-Versuch der Wirkungsgrad bei guter Berührung zu 85%, bei einem Luftspalt von 0,5 mm zu 68,4% ermittelt. Opacki ist der Ansicht, daß die jetzt vorwiegend verwendeten Wärmekontakt-Kochplatten nur ein Übergang zur Wärmestrahlungs-Kochplatte sind. Diese Schlußfolgerung stützt er noch durch Hinweise auf die im praktischen Gebrauch von Platten und Gefäßen nie vermeidbaren Deformationen, den teuren Anschaffungspreis des Spezialkochgeschirrs, die Kapazität der Kontaktkochplatten und die Kochgeschwindigkeit. — Ob die weitere Entwicklung tatsächlich zu einer gewissen Abkehr von der Hochleistungskontaktplatte und zu einer vorzugsweisen Verwendung von Strahlungskochplatten führt, kann zur Zeit nicht übersehen werden, zumal, worauf auch Opacki hinweist, beim Bau vollwertiger Strahlungskochplatten erhebliche Schwierigkeiten konstruktiver und praktischer Natur auftreten.

Erwägungen vorstehender Art über gewisse technische und wirtschaftliche Nachteile der Hochleistungsplatten führen in Verbindung mit der beim elektrischen Kochen möglichen Wärmeisolierung, die wiederum geringen Stromverbrauch und niedrige Leistungen ermöglicht, zur Verwendung von Haubenkochgeräten. Derartige Sparkochgeräte sind in Deutschland besonders im Anfang der etwa in den Jahren 1925/26 in größerem Ausmaße einsetzenden Verbreitung des elektrischen Kochens verwendet worden. Da sich aber die Hausfrauen, ebenso wie bei Gas-Haubenkochgeräten, nur schwer an das »Kochen im geschlossenen Raum« gewöhnen, werden heutzutage vorwiegend Hochleistungsplatten abgesetzt, auf denen in ähnlicher Weise wie auf Kohlen- und Gasherden gekocht werden kann. Wie die weitere Entwicklung gehen wird, ist zur Zeit noch nicht recht abzusehen. Es ist denkbar, daß die Haubenkochgeräte sich später wieder einmal in größerem Ausmaße durchsetzen werden, da sie einen verhältnismäßig geringen Stromverbrauch haben und nur niedrige Anschlußleistungen bedingen.

### β) Brat- und Backöfen.

Bei Gas-Bratöfen werden ausschließlich Längsbrenner verwendet, um eine möglichst gleichmäßige Wärmeverteilung zu erzielen. Da beim Braten, Grillen und Backen hohe Temperaturen, und zwar für längere Zeit erforderlich sind, wird eine gute Wärmeisolation angestrebt, die aber infolge der Notwendigkeit der Zuführung von Verbrennungsluft und der Ableitung von Abgasen, in denen allein etwa 20 bis 25% der zuge-

---

[1]) Elektrotechnische Zeitschrift, 52. Jahrgang 1931, Heft 9, »Neue Erkenntnisse, betreffend den Wärmeübergang bei elektrischen Kochplatten«.

führten Wärme entweichen, nur in beschränktem Umfange erreicht wird.

Bei elektrischen Bratöfen wird die Wärme vorwiegend in einfach konstruierten, elektrisch isolierten Heizkörpern erzeugt und dem Bratofenraum überwiegend durch Strahlung mitgeteilt. Eine Wärmeisolation wird hier in weitgehendem Ausmaße erreicht, da der Brat- und Backprozeß sich in einem geschlossenen Raum, der meistens nur mit kleinen Ventilationsschlitzen oder -löchern zur Ableitung der jedem Brat- und Backgut entweichenden Feuchtigkeit versehen ist, vollziehen kann.

### γ) Warmwassergeräte.

Gas-Warmwasserbereiter, die bei größeren Entnahmen mit einem Wirkungsgrad von 85 bis 90% gegenüber 50 bis 60% bei Kocherbrennern arbeiten, werden als Durchlauf- oder Vorratsapparate geliefert. Bei den ersteren wird das Wasser während des Durchlaufens durch den Apparat von den nach oben strömenden Heizgasen erwärmt, während bei den letzteren eine gewisse Menge warmes Wasser im Verlauf einer längeren Zeit erzeugt und im Vorratsgefäß aufgespeichert wird.

Bei großen Durchlaufapparaten mit hohem stündlichem Gasverbrauch sind besondere Abgasleitungen und ferner auch weite Gasrohre nötig, bei denen die Herd- und Lampenzuleitungen meistens nicht ausreichen. Hierdurch wird öfters die Aufstellung dieser Geräte erschwert. Es sind daher besonders in den letzten Jahren kleine Durchlauferhitzer konstruiert worden, bei denen, ebenso wie bei den Vorratsapparaten, normal verlegte Gasrohre genügen und für die eine Abgasleitung nicht notwendig ist.

Die Wasserentnahmemenge ist nur durch die Geräteleistung begrenzt, innerhalb deren beliebige, dem wechselnden Bedarf entsprechende Warmwassermengen bereitet werden können.

Da häufig auch kleinere Warmwassermengen gebraucht werden, bei denen die Aufheizung der Metallteile und das in den Röhren meist zurückbleibende und sich dann abkühlende Wasser zu einem bei großer Entnahmemenge nicht ins Gewicht fallenden Wärmeverlust führt, liegt der Betriebswirkungsgrad nicht unerheblich unter dem oben angegebenen Dauerwirkungsgrad. Bei Vorratsspeichern bedingt die trotz Isolierung der Gefäße nicht voll ausschaltbare Abkühlung besondere Wärmeverluste.

Die Warmwassertemperatur beträgt im allgemeinen etwa 45 bis 60° C. Fast bei allen diesen Geräten ist eine Zündflamme vorgesehen, die bei Automaten mit entfernt liegenden Zapfstellen, sofern stete Betriebsbereitschaft gewünscht wird, ständig brennen muß, wodurch wiederum eine gewisse Verschlechterung des Wirkungsgrades herbeigeführt wird.

Mit elektrischen Warmwasserbereitern werden Wirkungsgrade erzielt, die auf Kochplatten nicht erreicht werden. Für kleine Wassermengen werden Schnellkocher, in denen die Heizkörper fest eingebaut sind, oder Tauchsieder verwendet, bei denen ein Heizdraht in einem

gebogenen Metallrohr, das in die zu erwärmende Flüssigkeit hineinge-
taucht wird, eingebettet ist. Bei größerem Warmwasserbedarf werden
Speicher benutzt, die durch Heizkörper, die in das Wasser hineinragen,
während längerer Zeit, — und zwar meistens nachts wegen der dann
billigeren Strompreise, — aufgeheizt werden.

Die Speicher sind gegen Wärmeverluste gut isoliert, so daß der Auf-
heizwirkungsgrad bei 80 bis 90% liegt und somit ungefähr dem Dauerwirkungsgrad von Gaswarmwasserbereitern entspricht. Nach beendeter
Aufheizzeit treten trotz guter Isolierung Wärmeverluste ein. Die hierdurch bedingte Abkühlung beträgt bei den üblichen Speichern weniger
als 1° C je Stunde. Infolgedessen liegt je nach Menge und Zeit der Wasser-
entnahme der Betriebswirkungsgrad unter dem Anheizwirkungsgrad,
und zwar um so mehr, da der Wasserinhalt der Speicher im täglichen
Gebrauch meist nicht vollständig aufgebraucht wird.

Die entnehmbare Warmwassermenge ist durch das jeweilige Speichervolumen begrenzt. Die Temperatur des Wassers beträgt im allgemeinen
70 bis 85° C.

Infolge der langen Anheizzeit können die Speicher mit niedrigen
Leistungen betrieben und daher häufig an die schon vorhandenen Stromleitungen ohne Verstärkung angeschlossen werden.

## C. Äquivalenzzahl.

### 1. Definition und bisherige Untersuchungen.

Die Äquivalenzzahl gibt an, wieviel kWh nötig sind, um unter
gleichen Betriebsverhältnissen ein m³ Gas von normalem Heizwert zu
ersetzen. Laboratoriumsmäßig gefundene Werte haben wohl theoretische,
aber nur geringe praktische Bedeutung, da die hier vorliegenden Verhältnisse meistens im Haushalt nicht erreicht werden. Infolgedessen stützen
sich die in den letzten Jahren durchgeführten Ermittlungen von Äquivalenzzahlen fast ausschließlich auf den praktischen Haushaltbetrieb.

Von den zahlreichen Untersuchungen seien besonders folgende her-
vorgehoben:

Dr. Schläpfer, Zürich, und Ing. P. Rutishauser, Davos: »Vergleichende Untersuchungen an häuslichen Heiz- und Kocheinrichtungen«[1] (1921).

Ing. A. Härry, Zürich: »Der Verbrauch von Gas und Elektrizität
für den Kochherd«[2] (1928).

Dr. Bertelsmann, Berlin: »Der Gasaufwand bzw. Stromaufwand
in der Küche des bürgerlichen Haushaltes«[3] (1928).

[1] Siehe Literaturverzeichnis, Gruppe IV.
[2] Bulletin des Schweiz. elektrotechnischen Vereins 1928, Heft 15, S. 477.
[3] »Das Gas- und Wasserfach« 1928, Heft 35, S. 856.

H. A. Blum, Frankfurt a. M.: »Gas und Elektrizität im Haushalt«[1]) (1929).

Der Gasverbrauch G. m. b. H., Berlin: »Tabellen über Kochversuche mit Gas und mit Elektrizität« und »Vergleichsversuche: Kohle — Gas — Strom« (1929, 1930)[2]).

Dr.-Ing. H. F. Müller und Dipl.-Ing. Fr. Mörtzsch, Berlin: »Vergleichsgrundlagen für den Elektrizitäts- und Gasverbrauch im Haushalt«[3]) (1929).

Vereinigung schwedischer Elektrizitätswerke und Vereinigung schwedischer Gaswerke, Stockholm: »Bericht über die Versuche zur Speisebereitung mit Elektrizität und Gas«[4]) (1929).

Dipl.-Ing. Scheuer und Frau J. Scheuer, Landau (Pfalz): »Haushalt-Kochversuche mit Elektrizität und Gas«[5]) (1930).

Schließlich sei auch noch das im Dezember 1930 in Dillingen (Saar)[6]) stattgefundene Vergleichskochen erwähnt, dessen Ergebnisse zwar später als nicht maßgebend bezeichnet worden sind, das aber für die bisweilige Schärfe des Konkurrenzkampfes Elektrizität / Gas charakteristisch ist und zu Pressemitteilungen, Flugblättern u. dgl. mehr geführt hat.

Sowohl die vorstehend angeführten, als auch die sonstigen zahlreichen Untersuchungen weichen in ihren Ergebnissen, je nachdem, ob sie von Elektrizitätswerks- oder von Gaswerksvertretern stammen, außerordentlich voneinander ab. Bezogen auf deutsches Normalgas wurden Äquivalenzzahlen von unter 2 bis über 4 gefunden! Die Gaswerke vertreten als Faustformel eine durchschnittliche Vergleichszahl[7]) von 3 bis 4 für Wärmezwecke im Haushalt, die Elektrizitätswerke dagegen von etwa 2,2 für die Speisenbereitung in einem 4-Personen-Haushalt[8]) und von 3 bis 4,5 bei Heißwasserbereitung[9]).

Bei der Beurteilung der sehr verschiedenen Ergebnisse ist zu berücksichtigen, daß im allgemeinen die Untersuchungen sicherlich mit hinreichender Exaktheit durchgeführt wurden und daß Fälschungen nicht vorliegen dürften. Die Ursache der Verschiedenheit kann daher nur darin liegen, daß den Untersuchungen verschiedene Verhältnisse und

---

[1]) Siehe Literaturverzeichnis, Gruppe IV.

[2]) »Gas-Mitteilungen der hauswirtschaftlichen Versuchsstelle«, Der Gasverbrauch G. m. b. H., Berlin 1929, Heft 1, 1930, Heft 1.

[3]) Siehe Literaturverzeichnis, Gruppe IV.

[4]) Übersetzung veröffentlicht in »Das Gas- und Wasserfach« 1930, Heft 1.

[5]) »Elektrizitätswirtschaft, Mitteilungen der VDEW« 1930, Nr. 511, S. 335.

[6]) »Technische Monatsblätter für Gasverwertung« 1930, Heft 4, 1931, Heft 6 und Heft 12, ferner »Der Werbeleiter« Monats-Zeitschrift für Stromwerbung und -verkauf 1931, Heft 11 sowie verschiedene Flugblätter.

[7]) »Der Elektromarkt« 1930, Nr. 13, S. 30.

[8]) »Der Werbeleiter« 1930, Sonderheft, S. 19.

[9]) Verhandlungsbericht der Fachtagung der VDEW 1931, S. 30.

Bedingungen zugrunde lagen. Somit erscheint es notwendig, für derartige Vergleichsermittlungen einheitliche, den praktischen Haushaltverhältnissen entsprechende Untersuchungsbedingungen festzusetzen, also eine einheitliche Methode zu schaffen, die allen berechtigten Ansprüchen Rechnung trägt.

Bisher ist eine derartige Methodik, deren Entwicklung infolge der außerordentlich mannigfachen Haushaltbetriebsverhältnisse sehr schwierig ist, zwischen den Vertretern der Elektrizitäts- und der Gaswerke nicht vereinbart worden. Während die Gaswerke und besonders ihre deutsche Spitzenorganisation, die Zentrale für Gasverwertung[1]), Berlin, wiederholt paritätische Verhandlungen, um Grundlagen für die Ermittlung eines Vergleichs der Gas- und Elektrowärme im Haushalt ausfindig zu machen, und ferner die Durchführung entsprechender Versuche angeregt haben, lehnen im allgemeinen die Elektrizitätswerke und vor allem ihr deutscher Zentralverband, die »Vereinigung der Elektrizitätswerke, Berlin«, Vergleichskochversuche grundsätzlich ab.

Zur Begründung dieser Ablehnung wird etwa folgendes angeführt[2]):

»Erstens kommt es im Haushalt nicht darauf an, wieviel Kilowattstunden oder Kubikmeter Gas verbraucht werden, sondern wieviel Geld für Haushaltwärme aufzuwenden ist. Es ist unzulässig, aus der Verhältnisziffer der Energie-Einheiten eine Verhältnisziffer der Kosten zu machen ohne Rücksicht auf die Frage des Nachtstrompreises, der unter Umständen die Stromrechnung stark beeinflußt. Es ist unmöglich, Wärmekosten gleich Wärmekosten zu setzen, da die Begleitumstände, die Gesichtspunkte der Arbeitsersparnis, Materialersparnis, Hygiene usw. weder in die Rechnung einbezogen werden können, noch ohne ganz grobe Täuschung der Öffentlichkeit einfach verschwiegen werden dürfen. — Zweitens wird die Entscheidung nicht nach den Gesichtspunkten der reinen Wirtschaftlichkeit gefällt, sondern der Verbraucher wird dasjenige Energiemittel wählen, das ihm unter Berücksichtigung sämtlicher Faktoren verlockender erscheint. — Im Interesse der Objektivität sollte für derartige Vergleichsversuche die Hand nicht geboten werden. Es liegt im Wesen vergleichender Kochversuche, daß sie zu Trugschlüssen leichter führen, als zur Wahrheit.«

Diese Erwägungen bauen sich auf der sicherlich durch Erfahrungen begründeten Ansicht auf, daß den Ergebnissen von Vergleichsversuchen leicht eine allein ausschlaggebende Bedeutung beigemessen wird. Unter dieser Annahme ist die Ablehnung verständlich. Wird aber, wie in der vorliegenden Arbeit, die Äquivalenz zwischen Kilowattstunde und Kubikmeter Gas, unter Beachtung der unterschiedlichen Preise je Energie-

---

[1]) »Der Elektromarkt« 1930, Nr. 13, S. 30.
[2]) »Der Werbeleiter« 1930, Heft 3, S. 58.

einheit, nur als einer unter verschiedenen anderen für den Verbraucher wichtigen Gesichtspunkten (siehe S. 12) gewertet, kann eine Untersuchung dieser Spezialfrage sicherlich zu einem Teil mit zur Klärung der Hauptfrage beitragen.

Die verschiedenen Methoden, die bisher angewendet worden sind, lassen sich in drei Gruppen gliedern:

a) Dieselben Gerichte werden in Einzelversuchen gleichzeitig auf Gas- und auf Stromgeräten zubereitet.

b) In einzelnen Haushaltungen wird bei gleichem Küchenprogramm hintereinander abwechselnd mit Strom und mit Gas gearbeitet.

c) Unter Zugrundelegung von möglichst vielen Haushaltungen werden sowohl für die elektrische als auch für die Gasküche Durchschnittswerte ermittelt.

Zu a). Derartige Untersuchungen sind häufig von Elektrizitätswerken und Herstellern elektrischer Kochgeräte und auch von Gaswerken und Gasgerätefabrikanten je für sich veranstaltet worden. Bisweilen wurden solche Versuche Haushaltschulen übertragen, wobei des öfteren noch weitere neutrale Persönlichkeiten hinzugezogen wurden. Ein gewisser laboratoriumsmäßiger Einschlag ist hierbei meistens festzustellen. Wenn auch häufig die Bedienung beider Vergleichsgeräte genügend ist, wirken sich je nach der Zubereitungsart des Gerichtes die speziellen Verschiedenheiten der Geräte aus, so daß sich je nach dem gewählten Speisezettel verschiedene Äquivalenzzahlen ergeben. Derartigen Einzelversuchen kann keineswegs eine allgemeine Bedeutung zugesprochen werden. Zumindest müßte gefordert werden, daß sie in sehr großer Zahl unter Berücksichtigung eines mannigfaltigen, dem praktischen Haushalt entsprechenden Kochprogramms durchgeführt werden und daß dann aus ihnen Durchschnittswerte gewonnen werden.

Zu b). Auch diesem Weg kann nur eine beschränkte Bedeutung zukommen, da eine gleiche Programmfolge im praktischen Haushaltbetrieb meistens nur ungenügend eingehalten werden kann und da die jeweilige Bedienung häufig den speziellen Erfordernissen nicht entspricht. Die Unterschiede im Energieverbrauch werden ganz besonders groß sein, wenn die Warmwasserbereitung auch mit einbezogen ist.

Zu c). Dieser Methode kommt eine besonders große Bedeutung zu, da sich auf ihr verschiedene der am meisten beachteten Untersuchungen aufbauen. Es liegt hier die Annahme zugrunde, daß durch Zusammenfassung einer großen Zahl von Haushaltungen die zwischen den einzelnen Verbraucherstellen auftretenden erheblichen Unterschiede weitgehend ausgeglichen werden und die dann ermittelten Durchschnittswerte als allgemein gültig angesehen werden können.

Dieser sehr interessante Weg ist vor allem von Ing. Härry, Zürich (siehe oben) beschritten worden. Härry zieht Mittelstandshaushaltungen

# Zusammenfassung der Untersuchungsergebnisse von Ing. A. Hürry, Zürich

## A. Küchen ohne Warmwasser-Apparat.

| | 2 | 3 | 4 | 5 | 6 |
|---|---|---|---|---|---|
| Personenzahl je Familie . . . . . . . . | 2 | 3 | 4 | 5 | 6 |
| mittlerer Gasverbrauch von 870 Haushaltungen in m³ . . . . . . . . . | 0,410 | 0,350 | 0,330 | 0,318 | 0,310 |
| mittlerer Stromverbrauch von 1125 Haushaltungen in kWh . . . . . . . | 1,380 | 1,140 | 0,950 | 0,850 | 0,760 |
| Äquivalenzzahl . . . . . . . . . . | 3,36 | 3,25 | 2,88 | 2,67 | 2,45 |

## B. Küchen mit elektrischem Warmwasser-Speicher.

| | 2 | 3 | 4 | 5 | 6 | 7 | 8 |
|---|---|---|---|---|---|---|---|
| Personenzahl je Familie . . . . . . | 2 | 3 | 4 | 5 | 6 | 7 | 8 |
| mittlerer Gas-Herd-Verbrauch von 436 Haushaltungen in m³ . . . . . | 0,316 | 0,264 | 0,230 | 0,210 | 0,196 | 0,188 | 0,184 |
| mittlerer Strom-Herd-Verbrauch von 647 Haushaltungen in kWh . . . . | 1,320 | 1,090 | 0,920 | 0,850 | 0,760 | 0,710 | 0,660 |
| Äquivalenzzahl . . . . . . . . | 4,18 | 4,13 | 4,0 | 4,05 | 3,87 | 3,78 | 3,58 |

Bei Beurteilung dieser Äquivalenzziffern ist zu berücksichtigen, daß der untere unkontrollierte Heizwert des Gases im Mittel etwa 4300 Wärmeeinheiten beträgt. Bei einer Umrechnung auf deutsches Normalgas ergeben sich etwa folgende Werte:

| | 2 | 3 | 4 | 5 | 6 | 7 | 8 |
|---|---|---|---|---|---|---|---|
| Personenzahl je Familie . . . . . . | 2 | 3 | 4 | 5 | 6 | 7 | 8 |
| Äquivalenzzahl bei A . . . . | 2,74 | 2,65 | 2,35 | 2,18 | 2,00 | | |
| Äquivalenzzahl bei B . . . . | 3,40 | 3,36 | 3,26 | 3,30 | 3,15 | 3,08 | 2,91 |

heran, unterteilt in zwei verschiedene Gruppen, je nachdem, ob außer dem Kochherd ein Warmwasserapparat zur Verfügung steht oder nicht, ordnet nach Personenzahl je Familie, rechnet den Verbrauch je Kopf und Tag aus, ermittelt dann an Hand graphischer Auftragungen ausgeglichene Werte und kommt zu den Ergebnissen, die vorstehend auf Seite 27 zusammengefaßt sind.

Die am Ende der Tabelle vorgenommene Umrechnung der Äquivalenzziffer von Schweizer Steinkohlengas mit 4300 kcal Heizwert in deutsches Mischgas von 3500 kcal ist unter Zugrundelegung des Verhältnisses 3500:4300 erfolgt. Dies ist zwar nicht ganz exakt, da eine Heizwertverringerung des Steinkohlengases durch Wassergaszusatz infolge der dann höheren Nutzwirkung der Flamme nicht auch eine entsprechende Verringerung der nutzbaren Wärme zur Folge hat; für die hier untersuchten Verhältnisse dürfte aber doch die gewählte einfache Umrechnung als genügend anzusehen sein.

In ähnlicher Weise wie Härry geht auch Blum (siehe oben) vor, der die Verbrauchsziffern der mit elektrischen Herden und Heißwasserspeichern ausgestatteten Siedlung Römerstadt in Frankfurt a. M. ermittelt und ihnen den Gasverbrauch von ähnlichen, mit Gas bewirtschafteten Siedlungsgruppen gegenüberstellt und hierbei auf Übereinstimmung hinsichtlich Wohnungsgröße und sozialer Zusammensetzung achtet. Das an die Siedlungen gelieferte Gas hat einen oberen Heizwert von 4100 kcal, ist also als Normalgas anzusprechen. Da in den gasbewirtschafteten Siedlungswohnungen nur der Gesamtgasverbrauch erfaßt werden konnte, beziehen sich die Blumschen Äquivalenzzahlen auf den Gesamtverbrauch für Speisen- und Warmwasserbereitung. Sie betragen bei 3-Zimmer-Wohnungen 4,3 bis 4,1, bei 5-Zimmer-Häusern 3,5 bis 2,6, und zwar nehmen sie mit zunehmender Personenzahl, ähnlich wie bei den Härryschen Werten, ab.

Die in Fachkreisen sehr bekannt gewordene Veröffentlichung von Dr. Müller und Dipl.-Ing. Mörtzsch (siehe oben) ist methodisch ähnlich wie die Härrysche Arbeit aufgebaut und stützt sich auch weitgehend auf Härrysche Werte. Beim Stromverbrauch werden deutsche Zahlen angegeben, während für den Gasverbrauch die von Härry in der Schweiz gefundenen Zahlen unter entsprechender Heizwertumrechnung herangezogen werden. Dr. Müller und Dipl.-Ing. Mörtzsch finden in Küchen, in denen Plattenherde zur Speisenbereitung und zur Warmwasserbereitung für die Küche verwendet werden, bei vierköpfigen Familien eine durchschnittliche Äquivalenzzahl von etwa 2,2 und unter Verwendung von Sparherden sogar von unter 2.

Die Blumschen Ergebnisse sind von Elektrizitätswerken und besonders von Dr. Müller und Dipl.-Ing. Mörtzsch, dem speziellen Sachverständigen der Vereinigung der Elektrizitätswerke e. V., Berlin, angegriffen worden[1]). Beanstandet wurde vor allem, daß Blum einen zu kurzen Zeitabschnitt herangezogen hat, daß zur Zeit der Ermittlungen die Haushaltungen in der Römerstadtsiedlung mit den elektrischen Einrichtungen noch nicht richtig vertraut waren, und ganz besonders, daß nur Gesamtwärmeverbrauchszahlen und nicht nach Warmwasserbereitung und Speisenbereitung getrennte Verbrauchsziffern verglichen wurden.

Die Untersuchungen von Härry und von Müller und Mörtzsch sind wiederum von den Gaswerken und ihren Spitzenverbänden und besonders von Dipl.-Ing. Blum[1]), den der Gasverbrauch G. m. b. H., Berlin, inzwischen als Mitarbeiter angestellt hatte, und von Dr. Strölin[2]), Städtisches Gaswerk Stuttgart, angegriffen worden. Hierbei wurde u. a. darauf hingewiesen, daß Härry die verschiedene Intensität der Benutzung von Gas- bzw. Elektroherden während der Wintermonate nicht genügend beachtet hat, und daß der unterschiedliche Umfang der Warmwasserbereitung auf Gas- und auf elektrischen Herden nicht entsprechend berücksichtigt ist. Weiter wurde besonders kritisiert, daß Müller/Mörtzsch deutsche Stromverbrauchszahlen mit Schweizer Gaskonsumziffern trotz verschiedenem Lebensstandard vergleichen.

Für die an den Härryschen Ermittlungen beanstandete ungenügende Berücksichtigung der verschiedenen Gebrauchsintensität sucht Blum durch Vergleich der Strom- und Gasverbrauchsziffern den Nachweis[3]) zu führen. Darüber hinaus ist darauf hinzuweisen, daß Härry nur unzulängliche Angaben über den zahlenmäßigen Umfang der in den verschiedenen Haushaltgruppen vorhandenen Kohlenherde und über das Ausmaß ihrer Mitverwendung macht, obwohl diesem Gesichtspunkt eine ganz besondere Bedeutung zukommt. Bei den in der obenstehenden Tabelle zusammengefaßten Gruppen ist hierüber angegeben bei

A. 1. 870 Haushaltungen für 639 nichts,
　　　　　　　　　　　» 231, daß keine andere Kochgelegenheit besteht,

A. 2. 1125 Haushaltungen nichts,

B. 1. 436 Haushaltungen, daß teilweise Öfen vorhanden sind, in denen im Winter gekocht wird,

B. 2. 647 Haushaltungen für 555 nichts,
　　　　　　　　　　　» 92, daß Kohlenherde vorhanden sind und benutzt werden.

---

[1]) »Der Elektro-Markt« 1929, Nr. 22, 27, 33, 34, 35, 36, 37 und 1930, Nr. 13, sowie »Das Gas- und Wasserfach« 1929, Heft 47.

[2]) »Das Gas- und Wasserfach« 1929, S. 1130.

[3]) »Das Gas- und Wasserfach« 1929, Heft 47, S. 1161.

Diese lückenhafte und ungenaue Erfassung des Vorhandenseins und der Mitbenutzung von Kohlenherden dürfte auch durch die große Zahl der erfaßten Haushaltungen kaum ausgeglichen werden und stellt somit einen erheblichen Mangel der Härryschen Ermittlungen dar.

Zusammenfassend ist festzustellen, daß die Frage der Äquivalenzziffer auch auf Grund der vorstehend näher erörterten dritten Untersuchungsmethode bisher noch nicht geklärt ist.

Um den Gründen für die erheblichen Unterschiede der bisher ermittelten Ergebnisse nachzugehen, erscheint es notwendig, zunächst einmal die in einem Haushalt vorkommenden Betriebsverhältnisse zu untersuchen.

### 2. Haushalt-Betriebsverhältnisse.

Grundsätzlich ist zu unterscheiden zwischen dem Energiebedarf für
Speisenbereitung und
Warmwasserbereitung.

Bei dem ersteren bestehen zwar auch zwischen wirtschaftlich gleichgestellten und gleich großen Haushaltungen mit einigermaßen übereinstimmender Lebensweise erhebliche Unterschiede, doch halten sie sich immerhin in solchen Grenzen, daß hier evtl. ein annähernder Durchschnittsverbrauch angegeben werden kann. Beim Warmwasserverbrauch treten dagegen auch zwischen an und für sich einander entsprechenden Haushaltungen ganz enorme Unterschiede auf, so daß hier die Ermittlung von Durchschnittsziffern unmöglich ist. Diese großen Unterschiede erklären sich daraus, daß zwar weniger für den mengenmäßig umgrenzten Warmwasserbedarf für Kochzwecke, wohl aber für das Geschirraufwaschen, Scheuern, Reinigen, Baden, Körperwaschen u. dgl. in den einzelnen Haushaltungen ganz außerordentlich verschiedene Warmwassermengen verbraucht werden.

Infolgedessen erscheint es notwendig, bei Vergleichsuntersuchungen den Energieverbrauch für die Speisenbereitung und für die Warmwasserbereitung getrennt zu ermitteln, was auch bei verschiedenen der schon erwähnten Arbeiten (siehe S. 23) in mehr oder minder genügendem Ausmaße geschehen ist. Nur auf diese Weise sind dann auch die jeweiligen praktischen Haushaltverhältnisse durch entsprechende Kombination der beiden Verbrauchsgruppen erfaßbar. Eine getrennte Untersuchung empfiehlt sich auch aus dem Grunde, weil zwischen Gas- und elektrischen Warmwasserbereitern größere grundsätzliche Unterschiede bestehen, als bei Kochern und Herden (siehe S. 17—23).

Über die Verhältnisse der Warmwasserbereitung mit Strom und mit Gas gehen die Ansichten zwar auch ziemlich auseinander, doch ist hierüber ein grundsätzlicher Streit bisher nur in geringem Umfange entstanden, zumal hier Wirkungsgradermittlungen möglich sind (siehe S. 16).

Aus der großen Reihe von Arbeiten über die Warmwasserbereitung mit elektrischen und mit Gasgeräten, und zwar unter Verwendung sowohl von Kochern und Herden als auch von speziellen Warmwasserbereitern sei hier ganz besonders auf die Untersuchung von Dipl.-Ing. Mörtzsch über die Wirtschaftlichkeit elektrischer Heißwasserspeicher, bei der auch Vergleiche mit Gaswarmwasserbereitern gezogen werden, hingewiesen. In dieser Arbeit wird als Äquivalenzziffer bei Zugrundelegung von Speichern von

$$30\ 1 \quad 3,0 \text{ bis } 3,7, \qquad 50\ 1 \quad 3,4 \text{ bis } 4,0,$$
$$80\ 1 \quad 4,1 \text{ bis } 4,5$$

ermittelt.

Bei der Speisenbereitung ist das Gleichwertigkeitsverhältnis zwischen Strom und Gas, wie schon angegeben, ganz besonders umstritten. Eine Klärung kann nur durch praktische Haushaltversuche gefunden werden, wobei die nachstehenden Faktoren, die den Kochenergieverbrauch besonders beeinflussen und in den einzelnen Haushaltungen oft recht verschieden liegen, zu beachten und genau zu fixieren sind:

1. Speisenfolge,
2. Bedienung,
3. Leistungsfähigkeit, Art und Güte der benutzten Geräte und Gefäße,
4. Vorhandensein und Grad der Mitbenutzung sonstiger Herde und Geräte,
5. Personenzahl,
6. Wirtschaftliche Stellung,
7. Lebensgewohnheiten,
8. Speisemenge,
9. Geographische Lage,
10. Jahreszeit und Temperatur.

Unter Berücksichtigung dieser Gesichtspunkte wurden im eigenen Haushalt des Verfassers praktische Ermittlungen vorgenommen, um einen Klärungsbeitrag zur Frage der Äquivalenz zwischen Strom und Gas bei der Speisenbereitung zu gewinnen.

### 3. Praktische Haushaltuntersuchungen.

#### a) *Gegebene Verhältnisse.*

Zu den obengenannten, besonders wichtigen speziellen Verhältnissen ist bei den vorgenommenen Untersuchungen folgendes zu bemerken:

Zu 1. Für die Untersuchungen wurde eine irgendwie besondere Speisenfolge nicht zusammengestellt. Es wurde vielmehr täglich eine den mitteldeutschen, bürgerlichen Lebensverhältnissen entsprechende Kost zubereitet, worüber näheres in den weiter unten angegebenen Tabellen ausgeführt ist.

Zu 2. Eine gleichmäßige, verständnisvolle und sorgfältige Bedienung der Geräte war in dem praktisch überhaupt möglichen Ausmaß dadurch erreicht, daß die Hausfrau nicht nur auf Grund eigener längerer Praxis im Gebrauch von Gas- und auch elektrischen Herden sowie Warmwasserbereitern schon erfahren war, sondern sich außerdem im Gebrauch von Gasgeräten unterrichten ließ und ferner an einem besonderen Kursus über das elektrische Kochen teilnahm. Weiter war die Hausfrau in keiner Weise für die eine oder andere Energieform eingenommen, sondern objektiv eingestellt. Auch für das Dienstmädchen, das im Kochen durchaus bewandert und bei der Durchführung des Kochbetriebes mit beteiligt war, gilt — abgesehen von einer Spezialausbildung — Entsprechendes wie für die Hausfrau, und vor allem war auch bei ihm Gewähr für Überwachung und gewissenhaftes und verständnisvolles Arbeiten gegeben.

Zu 3. Eine Übereinstimmung der Geräte und Gefäße war ebenfalls weitgehend erreicht. Verwendet wurden ein elektrischer Herd mit 3 Hochleistungsplatten nebst Brat- und Backofen sowie ein ebenfalls mit Brat- und Backröhre ausgestatteter Gasherd mit 4 Kochstellen, von denen aber nur 3 benutzt wurden (siehe Anlagen I, II, III). Der Gasherd, Fabrikat Meurer-Prometheus, der bereits 3 Jahre lang im Betrieb war und ein halbes Jahr vor Aufnahme der Versuche letztmalig durchgesehen worden war, wurde während der gesamten Dauer der Ermittlungen weder gereinigt noch reguliert. Der elektrische Herd, Fabrikat AEG, entsprach den neuesten an elektrische Kochgeräte zu stellenden Anforderungen und wurde auch schon vor Aufnahme der eigentlichen Untersuchungen regelmäßig benutzt. Die näheren technischen Daten über die beiden Herde sind nachstehend angegeben.

## Verwendete Geräte.

I. Elektrischer Herd, Fabrikat AEG, Listen-Nr. 243003, mit 3 Kochplatten und unten liegender Bratröhre, ohne Wärmeraum.

### Kochplatten.

| Zahl | Durchmesser in cm | Regelstufen in Watt | | |
|---|---|---|---|---|
| | | Stufe 3 | Stufe 2 | Stufe 1 |
| 1 | 22 | 1800 | 1400 | 300 |
| 2 | 18 | 1200 | 900 | 225 |

### Bratröhre.

| Zahl | Innenmasse in cm | | | | Regelung in Watt | | |
|---|---|---|---|---|---|---|---|
| | Höhe | Tiefe | Breite | | Stufe 3 | Stufe 2 | Stufe 1 |
| 1 | 23 | 48 | 33 | Oberhitze . . | 750 | 380 | |
| | | | | Unterhitze. . | 750 | 750 | |
| | | | | Gesamthitze . | 1500 | 1130 | 280 |

II. Gasherd, Fabrikat Meurer-Prometheus, Listen-Nr. 472 G, mit 4[1]) Kocherbrennern, unten liegender Bratröhre und offenem Wärmeraum.

### Kocherbrenner.

| Zahl | Gasverbrauch[2]) in l/h | |
| :---: | :---: | :---: |
| | Vollbrand | Kleinstellung |
| 4[1]) | 430 — 450 | 50 — 80 |

### Bratröhre.

| Zahl | Innenmasse in cm | | | Gasverbrauch[2]) bei Vollbrand in l/h | |
| :---: | :---: | :---: | :---: | :--- | :---: |
| | Höhe | Tiefe | Breite | | |
| 1 | 23 | 50 | 34 | Unterbrenner | 800 |
| | | | | Oberbrenner | 600 |

Für die elektrischen Kochplatten wurde Elektro-Spezialgeschirr, und zwar zum Teil Aluminium (Fabrikat Fißler) und zum Teil Silitstahl (Fabrikat Württembergische Metallwarenfabrik) verwendet. Hierbei wurde, wie es beim elektrischen Kochen unbedingt erforderlich ist, auf Übereinstimmung von Topf- und Plattendurchmesser stets geachtet. — Für den Gasherd wurden, wie allgemein üblich, teils Aluminium- und teils Emaillegeschirr sowie eiserne Bratpfannen benutzt. Auf optimale Topfgröße wurde, wie es im praktischen Küchenbetrieb üblich ist, nur in gewissem Ausmaße Rücksicht genommen. Die genauen Geschirrdaten sind nachstehend angegeben.

### Verwendetes Geschirr.

### I. Für elektrischen Herd.

| Art | Material | Gewicht in g | Durchmesser in cm | Inhalt in Liter |
| :---: | :---: | :---: | :---: | :---: |
| Topf | Fissler Aluminium, Bodenstärke 10 mm | 1030 | 18 | 1,5 |
| » | » » | 1160 | 18 | 2,5 |
| » | » » | 1355 | 18 | 3,5 |
| » | » » | 1470 | 22 | 2,5 |
| » | WMF-Silitstahl E | 1355 | 18 | 2,0 |
| » | » | 2480 | 22 | 5 |
| Tiegel mit Stiel | » | 1235 | 19/24 | — |
| Platte | Porzellan | 1540 | oval 25 × 41 | |

---

[1]) Davon während der Dauer der Ermittlungen nur 3 in Betrieb genommen.
[2]) Bezogen auf Normalgas von 4300 WE $H_o$ und normalen Strömungsdruck von etwa 50 bis 60 mm.

## II. Für Gasherd.

| Art | Material | Gewicht in g | Durchmesser in cm | Inhalt in Liter |
|---|---|---|---|---|
| Topf | Aluminium | 165 | 14 | 1,75 |
| » | » | 355 | 20 | 3 |
| » | » | 355 | 20 | 3 |
| » | Emaille | 530 | 20 | 2 |
| » | » | 660 | 18/22 | 3,5 |
| Bratpf. | Eisen | 2605 | oval 20 × 27 | 3,5 |
| Tiegel mit Stiel | » | 815 | 17/24 | |
| Platte | Porzellan | 1440 | oval 25 × 39 | |

Für die erforderliche Warmwasserbereitung, die im Rahmen dieser Arbeit nicht untersucht werden soll, standen ein Junkers Gasautomat, ein Progas-Durchlauferhitzer und ein elektrischer 50-l-Ablaufheißwasserspeicher zur Verfügung.

Zu 4. Außer den genannten Herden wurden für die Speisenbereitung andere Geräte nicht benutzt. Ein in der Küche stehender Etagenheizofen diente lediglich der Raumheizung.

Zu 5. Täglich wurde, sowohl auf dem elektrischen als auch auf dem Gasherd, unter genauester Beachtung der Gleichmäßigkeit für 4 bis 5 Personen gekocht, worüber auf S. 35 und 36 Näheres ausgeführt ist.

Zu 6. und 7. In der wirtschaftlichen Stellung und den Lebensgewohnheiten, die als »bürgerlich« zu bezeichnen sind, traten während der Dauer der Ermittlungen keine Änderungen ein.

Zu 8. Hinsichtlich der Speisemenge mußte, da es bei jedem Kochprozeß auf den Endeffekt ankommt, auf Gleichheit am Ende des Kochprozesses geachtet werden. Entsprechende Ermittlungen, über die unter III, S. 48ff., Näheres ausgeführt ist, ergaben, daß, von kleinen Unterschieden abgesehen, im allgemeinen bei gleichen Kochzutaten auch am Ende des Kochprozesses eine Gleichheit zu verzeichnen ist. Infolgedessen wurde mit gleichen Zutatenmengen gearbeitet.

Zu 9. Der Ort der Versuche war Dresden.

Zu 10. Die insgesamt vorgenommenen Ermittlungen fanden in den Monaten Oktober 1930 bis März 1931 statt. Die speziellen Untersuchungen, über die in den weiter unten stehenden Tabellen Näheres ausgeführt ist, fanden vom 23. II. bis 21. III. 1931, also zu einer Zeit statt, in der täglich die Etagenzentralheizung in Betrieb war.

*b) Durchführung der Untersuchungen.*

Die für die Exaktheit der Ermittlungen wichtige Voraussetzung der Verwendung genauer Meßinstrumente war dadurch erfüllt, daß die Akt.-Ges. Sächsische Werke, Dresden, die elektrischen und die Dresdner Gas-, Wasser- und Elektrizitätswerke A.-G., Dresden, die Gasinstallationen ausführen und hierbei neu geeichte Meßinstrumente einbauen ließen. Für jede einzelne Kochplatte, für die elektrische Bratröhre und den Heißwasserspeicher war zur getrennten Stromverbrauchsmessung je ein besonderer Zähler angebracht (s. Anlage IV). Ferner waren mehrere Gasmesser installiert und an dem Verteilungsrohr des Gasherdes ein Zwischenventil eingebaut, so daß auch eine getrennte Messung des Gasverbrauches der offenen Kochstellen und des Bratofens möglich war.

Bei dem Versuch, entsprechend der auf Seite 26 genannten zweiten Untersuchungsmethode ein bestimmtes Kochprogramm hintereinander mit Strom und mit Gas gleichmäßig durchzuführen, ergaben sich verschiedene Schwierigkeiten. Zunächst konnte die Gleichmäßigkeit der Zutatenmenge sowohl quantitativ als auch qualitativ nicht genau eingehalten werden; beispielsweise wurde an einem elektrischen Kochtage ein Fisch von bestimmtem Gewicht zubereitet, während am Gaskochtag ein genau entsprechender Fisch nicht zu erhalten war; einmal war ein Stück Fleisch zart und saftig, das andere Mal wies das Fleisch wohl dasselbe Gewicht auf, war aber zäh und mußte infolgedessen länger gekocht bzw. gebraten werden, was eine höhere Energiezufuhr bedingte. — Weiter traten auch Veränderungen in der Zahl der versorgten Personen durch vorübergehende Abwesenheit oder durch Gäste ein, was im praktischen Kochbetrieb verschiedene Zutatenmengen zur Folge hatte. — Schließlich ergaben sich auch erhebliche Schwankungen der Raumtemperatur dadurch, daß die Küche — die Ermittlungen fanden in der kalten Jahreszeit statt — oft ungleichmäßig durchwärmt war und daß die Fenster während des Kochens einmal weit geöffnet wurden und das andere Mal geschlossen blieben, was verschiedene Abkühlungsverluste zur Folge hatte.

Wenn auch die einzelnen auftretenden Schwierigkeiten vielleicht nicht als besonders schwerwiegend anzusprechen waren, mußte doch aus ihrer Gesamtheit die Schlußfolgerung gezogen werden, daß der zunächst eingeschlagene Weg zu dem erstrebten Ziel nicht führen konnte.

Somit ergab sich die Notwendigkeit zur Herbeiführung bestmöglicher Bedingungsgleichheit, die täglich zu bereitenden Gerichte gleichzeitig sowohl auf dem elektrischen als auch auf dem Gasherd zuzubereiten.

Eine Halbierung der für die gegebene Haushalt-Personenzahl von 4 Erwachsenen und 1 Kind erforderlichen Speisemenge war zwar durchführbar, doch wäre dann die Hälfte der Speisemenge je für sich ziemlich klein gewesen und hätte vor allem nicht, worauf besonders zu achten war, dem Verbrauch eines deutschen Durchschnittshaushaltes entsprochen. Infolgedessen wurde unter Beachtung der derzeitigen großen Not unter den Arbeitslosenfamilien täglich für eine vierköpfige Erwerbslosenfamilie mit gekocht. Da aber diese Erweiterung der Personenzahl die allein schon durch die genauen Abwägungen und Instrumentenablesungen gegebene Erschwerung des Haushaltes nachträglich noch weiter sehr stark vergrößerte, wurden die Ermittlungen auf die Zubereitung des Mittagessens beschränkt, obwohl hierdurch der Wert der Ermittlungen unbedingt vermindert wurde.

Beim praktischen Kochbetrieb wurde derart vorgegangen, daß für durchschnittlich 9 Personen — für 6 Erwachsene und für 3 Kinder im Alter von 3, 8 und 10 Jahren — bzw., wenn durch Besuch oder Reise die Personenzahl größer oder kleiner war, für die sich dann ergebende Gesamtpersonenzahl Nahrungsmittel eingekauft und zubereitet wurden. Irgendwelche Qualitätstrennung fand nicht statt, sondern die gesamte Rohspeisemenge wurde genau halbiert und, mit genau gleichen Zutaten versehen, je zur Hälfte auf dem elektrischen und auf dem Gasherd, also je für reichlich 4 Personen, zubereitet.

Über die einzelnen Gerichte, die Zutaten, die benützten Herdteile, Material und Größe des Kochgeschirrs, Verdampfungsverluste und Energieverbrauch wurde genau Protokoll geführt. Bei verschiedenen Speisen wurde noch eine Unterteilung nach Fleisch, Gemüse, Kartoffeln, Kompott u. a. m. vorgenommen. Die genauen Angaben über die Ermittlungen von 4 Wochen sind in den Tabellen auf Seite 38 bis 41 zu finden.

Der untere Heizwert des bei den Kochversuchen verwendeten Gases wurde wie folgt ermittelt:

Der obere Heizwert betrug laut Angabe des Gaswerkes der Dresdner Gas-, Wasser- und Elektrizitätswerke A.-G. bei 0° und 760 mm QS 4200 kcal, der untere Heizwert also 3780 kcal.

In den Tagen vom 23. II. bis 21. III. 1931, in welcher Zeit die aufgezeichneten Kochermittlungen stattfanden, wurden 12⁰⁰ Uhr mittags, also zur Hauptkochzeit, folgende Barometerstände festgestellt bzw. vom Gaswerk Dresden-Reick angegeben:

Barometerstände vom 23. II. bis 21. III. 1931, 12⁰⁰ Uhr mittags.

| | | | | | | | |
|---|---|---|---|---|---|---|---|
| 23. II. | 754 | mm | QS | 8. III. | 744,5 | mm | QS |
| 24. II. | 758,5 | » | » | 9. III. | 742,5 | » | » |
| 25. II. | 758,5 | » | » | 10. III. | 741,0 | » | » |
| 26. II. | 748,5 | » | » | 11. III. | 739,5 | » | » |
| 27. II. | 748,5 | » | » | 12. III. | 740,5 | » | » |
| 28. II. | 735,0 | » | » | 13. III. | 747,0 | » | » |
| 1. III. | 733,0 | » | » | 14. III. | 746,0 | » | » |
| 2. III. | 748,5 | » | » | 15. III. | 750,0 | » | » |
| 3. III. | 750,0 | » | » | 16. III. | 751,5 | » | » |
| 4. III. | 750,0 | » | » | 17. III. | 757,5 | » | » |
| 5. III. | 757,0 | » | » | 18. III. | 758,5 | « | » |
| 6. III. | 749,5 | » | » | 19. III. | 757,0 | » | » |
| 7. III. | 746,0 | » | » | 20. III. | 758,0 | » | » |
| | | | | 21. III. | 753,0 | » | » |

Als Mittelwert während der gesamten Versuchszeit ergab sich somit ein Barometerstand von 749,0 mm QS.

Der Fließdruck des Gases wurde des öfteren ermittelt und betrug durchschnittlich etwa 68 mm Wassersäule, also 5 mm QS.

Durch Addition von atmosphärischem Druck und Gasfließdruck ergab sich somit ein durchschnittlicher Gesamtdruck von 754,0 mm QS.

Die Gastemperatur wurde täglich gemessen und belief sich im Mittel auf rd. 15° C.

Da nach den Gasreduktionstabellen bei einem Gesamtdruck von 754,0 mm QS und einer Temperatur von 15° C der Reduktionsfaktor 1,082 ist, betrug der tatsächliche untere Heizwert

$$3780 \text{ kcal} : 1,082 = \text{rd. } 3500 \text{ kcal.}$$

Auf diesen unteren Heizwert je m³ Gas, der weitgehend den in Deutschland durchschnittlich vorliegenden Verhältnissen entspricht, beziehen sich die weiter unten angegebenen Gasverbrauchs- und Äquivalenzziffern.

*c) Ermittlungsergebnisse.*

S. nächste Seiten!

## c) Ermittlungsergebnisse.

| Lfd. Nr. | Datum | Speisenfolge | Benutzte Herdteile[1] | Kochgeschirr elektrisch Material[2] | Gewicht g | Kochgeschirr Gas Material[2] | Gewicht g | Zutaten je Kochart | Verdampfungsverluste in g[3] elektr. | Gas | Energie-Verbrauch kWh Teilgericht | Gesamtgericht | m³ Teilgericht | Gesamtgericht | Äquivalenzziffer Teilgericht | Gesamtgericht |
|---|---|---|---|---|---|---|---|---|---|---|---|---|---|---|---|---|
| 1 | 23.2. 1931 | Königsb. Klops Sauce | Kochst. | Alu To | 1160 | Em To | 660 | Fleisch 665 g, Wasser 1000 g, Fett 80 g, Mehl 60 g, 1 Ei. | 95 | 125 | | 0,67 | | 0,282 | | 2,38 |
| | | Salzkartoffeln | | Alu To | 1470 | Alu To | 355 | Kartoff. 965 g, Wasser 500 g. | 85 | 80 | | | | | | |
| 2 | 24.2. | Spiegel-Eier Spinat | Kochst. | SSt Ti 1235 Alu To 1355 | 815 | Eis Ti Em To | 815 660 | 10 Eier, Butter. Spinat 1980 g, Wasser 1000 g, Butter, Fett, Zwiebeln 100 g, Mehl 60 g, Milch 250 g. | 110 | 125 | | 1,72 | | 0,464 | | 3,71 |
| | | Salzkartoffeln Pudding | | Alu To Alu To | 1470 1160 | Alu To Alu To | 355 355 | Kartoff. 1280 g, Wasser 1000 g, Milch 500 g. Pudding 60 g, Milch 500 g, Zucker 40 g, | 100 | 160 | | | | | | |
| | | Vanille-Sauce | | | | | | Milch 375 g, Vanille, Zucker 20 g, | — | — | | | | | | |
| 3 | 25.2. | Leber Möhren | Kochst. | SSt Ti 1235 Alu To 1355 | 815 | Eis Ti Em To | 815 660 | Leber 250 g, Fett 30 g. Möhren 875 g, Wasser 500 g, Zwiebeln u. Speck 65 g, Fett 70 g. | ungenaue Ermittlg. | | | 1,26 | | 0,431 | | 2,92 |
| | | Salzkartoffeln | | Alu To | 1470 | Alu To | 355 | Kartoff. 1025 g, Wasser 1000 g. | — | — | | | | | | |
| 4 | 26.2. | Bouillonnudeln | Kochst. | Alu To | 1355 | Em To | 660 | Fleisch 650 g, Wasser 2000 g, Suppengrün 165 g, Nudeln 375 g, | 80 | 120 | 0,96 | 1,23 | 0,362 | 0,477 | 2,45 | 2,58 |
| | | Backobst | | Alu To | 1030 | Alu To | 355 | Backobst 220 g, Wasser 500 g, Zucker 50 g. | 155 | 145 | 0,27 | | 0,085 | | 3,18 | |
| 5 | 27.2. | im Tiegel gebrat. Schellfisch Senfsauce | Kochst. | SSt Ti 1235 SSt Ti 1235 | 815 815 | Eis Ti Eis Ti | 815 815 | Fisch 600 g, Fett 50 g, Wasser 550 g, Butter 50 g, Senf 25 g, Mehl 15 g. | — | — | 1,18 | | 0,342 | | 3,45 | 3,79 |
| | | Salzkartoffeln Grießpudding | | Alu To Alu To | 1470 1030 | Alu To Alu To | 355 355 | Kartoff. 1085 g, Wasser 1000 g, Grieß 130 g, Zucker 50 g, Milch 625 g. | 85 | 115 | 0,31 | 1,49 | 0,051 | 0,394 | 5,96 | |
| 6 | 28.2. | Sahnequark Salzkartoffeln | Kochst. | SSt To | 2480 | Em To | 660 | Quark. Kartoff. 2000 g, Wasser 1375 g. | 105 | 70 | | 0,71 | | 0,213 | | 3,34 |
| | | | | | | | | 1. Woche insges. (soweit ermitt.) | 815 | 940 | | 7,08 | | 2,261 | | 3,13 |

[1]) Kochst. = Kochplatte bzw. Kocherbrenner; Brat. = Bratofen;
[2]) Alu = Aluminium, SSt = Sillstahl, Em = Emaille, Eis = Eisen, To = Topf, Ti = Tiegel, Porz. = Porzellan-Platte.
[3]) Ein Strich (—) bedeutet, daß Verdampfungsverlust nicht ermittelt wurde.

| Lfd. Nr. | Datum | Speisenfolge | Benutzte Herdteile | Kochgeschirr elektrisch Material | Gewicht g | Kochgeschirr Gas Material | Gewicht g | Zutaten je Kochart | Verdampfungsverluste in g elektr | Gas | Energie-Verbrauch kWh Teilgericht | Gesamtgericht | m³ Teilgericht | Gesamtgericht | Äquivalenzziffer Teilgericht | Gesamtgericht |
|---|---|---|---|---|---|---|---|---|---|---|---|---|---|---|---|---|
| 7 | 1.3. 1931 | Hasenläufchen | Kochst. | SSt To 2480 Eis To | 2605 | | | Fleisch 740 g, Fett 70 g, Wasser 500 g, | 440 | 605 | | | | | | |
| | | Rotkraut | | Alu To 1355 Em To | 660 | | | Rotkraut 680 g, Speck, Palmin Butter 110 g, Wasser 250 g, Essig 125 g, Gewürz u. Salz 10 g, | — | — | | Fehlablesung | | | | |
| | | Salzkartoffeln | | Alu To 1470 Alu To | 355 | | | Kartoff. 1175 g, Wasser 750 g, | 470 190 | 400 130 | | | | | | |
| 8 | 2.3. | Rauchfleisch Sauce | Kochst. | SSt Ti 1235 Eis Ti | 815 | | | Fleisch 275 g, Fett 75 g, Mehl 30 g, Wasser 625 g, 1 Ei, | — | — | 1,36 | | | | 3,32 | |
| | | Blumenkohl Salzkartoffeln Ringäpfel | | Alu To 1355 Alu To SSt To 2480 Em To Alu To 1470 Alu To | 355 660 355 | | | Blumenkohl 450 g, Wass. 2000 g, Kartoff. 1200 g, Wasser 1000 g, Ringäpfel 250 g, Wasser 1125 g, Zucker 50 g | 500 150 145 | 525 175 115 | 0,38 | 1,74 | 0,410 0,125 | 0,535 | 3,04 | 3,25 |
| 9 | 3.3. | Kalbskotelett | Kochst. | SSt Ti 1235 Eis Ti | 815 | | | Fleisch 510 g, Fett 70 g, Zwiebeln 10 g, Mehl 30 g, | — | — | | 1,02 | | 0,325 | | 3,11 |
| | | Salzkartoffeln | | SSt To 1355 Em To | 660 | | | Kartoff. 1500 g, Wass. 1000 g, | 115 | 150 | | | | | | |
| 10 | 4.3. | Spiegel-Eier Spinat | Kochst. | SSt Ti 1235 SSt To 1355 Eis Ti Em To | 815 660 | | | 5 Eier, Spinat 1790 g, Wasser 500 g, Milch 500 g, Fett 120 g, | ungenaue Ermittlg. | | | 1,06 | | 0,324 | | 3,27 |
| | | Salzkartoffeln | | Alu To 1160 Alu To | 355 | | | Kartoff. 960 g, Wasser 750 g, | 115 | 150 | | | | | | |
| 11 | 5.3. | Lungenhaschee | Kochst. | Alu To 1160 Em To | 660 | | | Fleisch 750 g, Wasser 750 g, Essig und Salz 30 g, Gewürz, Zwieb. 25 g, Fett 95 g, Mehl 50 g, Essig und Zucker 20 g, | 511 | 540 | | 1,30 | | 0,430 | | 3,02 |
| | | Salzkartoffeln | | Alu To 1470 Alu To | 355 | | | Kartoff. 1390 g, Wasser 1000 g | 90 | 145 | | | | | | |
| 12 | 6.3. | Eierkuchen | Kochst. | SSt Ti 1235 Eis Ti | 815 | | | Mehl 335 g, 6 Eier, Fett 95 g, Milch 500 g | — | | | 0,78 | | 0,186 | | 4,19 |
| 13 | 7.3. | Matjes-Hering Büchsenbohnen | Kochst. | SSt To 1355 Em To | 660 | | | Bohnen 600 g, Butter 60 g, Bohnenwasser 500 g, ½ Zwieb., Mehl 30 g, | 120 | 40 | | 0,75 | | 0,235 | | 3,19 |
| | | Pellkartoffeln | | | | | | Kartoff. 1430 g, Wasser 1000 g | 50 | 110 | | | | | | |
| | | | | | | | | 2. Woche insges. (soweit ermitt.) | 2781 | 2935 | | 6,65 | | 2,035 | | 3,26 |

| Lfd. Nr. | Datum | Speisenfolge | Benutzte Herdteile | Kochgeschirr elektrisch Material² | Gewicht g | Kochgeschirr Gas Material² | Gewicht g | Zutaten je Kochart | Verdampfungsverluste elektr. | Gas | Energie kWh Teilgericht | kWh Gesamtgericht | m³ Teilgericht | m³ Gesamtgericht | Äquivalenzziffer Teil-Gericht | Ges.-Gericht |
|---|---|---|---|---|---|---|---|---|---|---|---|---|---|---|---|---|
| 14 | 8.3. 1931 | Schweinebraten | Kochst. u. Brat. | SSt To | 2480 | Eis To | 2605 | Fleisch 750 g, Wasser 750 g, Mehl 25 g, | — | — | | 3,42 | | 1,690 | | 2,02 |
| | | Rotkraut | | Alu To | 1470 | Alu To | 355 | Kraut 805 g, Wasser 290 g, Fett 90 g, Zucker 25 g, | 255 | 165 | | | | | | |
| | | Salzkartoffeln | | Alu To | 1160 | Em To | 660 | Kartoffeln 1250 g, Wasser 750 g, | 135 | 60 | | | | | | |
| | | Schokoladenpudding | | Alu To | 1030 | Alu To | 355 | Milch 500 g, Zucker 110 g, Puddingpulver 60 g, | — | — | | | | | | |
| 15 | 9.3. | Bratwurst | Kochst. | SSt Ti | 1235 | Eis Ti | 815 | Wurst 565 g, Fett 30 g, | — | — | | | | | | 3,29 |
| | | Möhren | | Alu To | 1355 | Em To | 660 | Wasser 375 g, Mehl 25 g, Möhren 875 g, Wasser 375 g, Fett und Speck 135 g, | 215 | 165 | 1,28 | 1,59 | 0,397 | 0,483 | 3,23 | |
| | | Salzkartoffeln Grießpudding | | Alu To / Alu To | 1470 / 1030 | Alu To / Em To | 355 / 530 | Kartoff. 1025 g, Wasser 1000 g, Grieß 80 g, Milch 750 g, Zucker 30 g, 1 Ei | 120 / 10 | 160 / 20 | 0,31 | | 0,086 | | 3,6 | |
| 16 | 10.3. | Eier Spinat Kartoffeln Oetker-Puddg. | Kochst. | | | | | | | | ungenaue Ablesungen! | | | | | |
| 17 | 11.3. | Königsb. Klops Sauce | Kochst. | Alu To / Alu To | 1160 / 1160 | Em To / Em To | 660 / 660 | Fleisch 690 g, Wasser 1000 g, Fett, Butter 80 g, Mehl 60 g, 1 Ei, Fleischbrühe 875 g, | 130 | 160 | | 0,81 | | 0,320 | | 2,53 |
| | | Salzkartoffeln | | Alu To | 1470 | Alu To | 355 | Kartoff. 965 g, Wasser 500 g | 135 | 150 | | | | | | |
| 18 | 12.3. | Bouillonnudeln | Kochst. | Alu To | 1355 | Em To | 660 | Fleisch 650 g, Nudeln 250 g, Wass. 2000 g, Suppengrün 105 g, | — | — | 0,96 | 1,22 | 0,401 | 0,484 | 2,44 | 2,52 |
| | | Backobst | | Alu To | 1030 | Alu To | 355 | Backobst 245 g, Wasser 500 g, Zucker 50 g | 135 | 120 | 0,26 | | 0,083 | | 3,13 | |
| 19 | 13.3. | im Tiegel gebrat. Schellfisch Senfsauce | Kochst. | SSt Ti | 1235 | Eis Ti | 815 | Fisch 625 g, Fett 50 g, | — | — | | 1,18 | | 0,328 | | 3,60 |
| | | | | | | | | Wasser 500 g. Butter 50 g, Mehl 15 g, Senf 25 g, | 130 | 140 | 0,97 | | 0,265 | | 3,66 | |
| | | Salzkartoffeln Grießpudding | | Alu To / Alu To | 1470 / 1030 | Alu To / Alu To | 355 / 355 | Kartoff. 1085 g, Wasser 500 g, Grieß 130 g, Zucker 50 g, Milch 625 g | 85 / 30 | 35 | 0,21 | | 0,063 | | 3,33 | |
| 20 | 14.3. | Salzkart. Quark | Kochst. | SSt To | 2480 | Em To | 660 | Kartoff. 2000 g, Wasser 500 g | 170 | 220 | | 0,59 | | 0,169 | | 3,49 |
| | | 3. Woche insges. (soweit ermitt.) | | | | | | | 1420 | 1395 | | 8,81 | | 3,474 | | 2,54 |

| Lfd. Nr. | Datum | Speisenfolge | Benutzte Herdteile[1] | Kochgeschirr elektrisch Material[2] | elektrisch Gewicht g | Gas Material[3] | Gas Gewicht g | Zutaten je Kochart | Verdampfungsverluste in g[2] elektr. | Gas | Energie-Verbrauch kWh Teilgericht | kWh Gesamtgericht | m³ Teilgericht | m³ Gesamtgericht | Äquivalenzziffer Teilgericht | Äquivalenzziffer Gesamtgericht |
|---|---|---|---|---|---|---|---|---|---|---|---|---|---|---|---|---|
| 21 | 15.3. 1931 | Beefsteak | Kochst. | SSt Ti 1235 | | Eis Ti | 815 | Fleisch 495 g, Semmel 50 g, 1 Ei, ½ Zwiebel, Salz, Pfeffer, Fett 50 g, | | | | | | | | |
| | | Rotkraut | | Alu To 1355 | | Em To | 660 | Rotkraut 680 g, Speck, Palmin, Butter 110 g, Wasser 250 g, Essig 125 g, Gewürz 10 g, | 95 | 130 | | | | | | 2,99 |
| | | Salzkartoffeln | | Alu To 1470 | | Alu To | 355 | Kartoff. 1175 g, Wasser 500 g. | 385 / 100 | 325 / 125 | | 1,61 | | 0,538 | | |
| 22 | 16.3. | Rauchfleisch | Kochst. | SSt Ti 1235 | | Eis Ti | 815 | Fleisch 250 g. | | | | | | | | |
| | | Blumenkohl | | Alu To 1355 | | Alu To | 355 | Blumenkohl 485 g, Wass. 1500 g. | 235 | 185 | | | | | | 3,07 |
| | | Salzkartoffeln | | Alu To 1470 | | Em To | 660 | Kartoff. 1200 g, Wasser 500 g, | 105 | 160 | 1,24 | | | | 2,99 | |
| | | Sauce | | Alu To 1355 | | Alu To | 355 | Wasser 625 g, Fett 75 g, Mehl 30 g, 1 Ei, | | | | | 0,415 | | | |
| | | Ringäpfel | | Alu To 1470 | | Alu To | 355 | Ringäpfel 250 g, Wasser 1125 g, Zucker 50 g, | 185 | 170 | 0,38 | 1,62 | 0,113 | 0,528 | | 3,36 |
| 23 | 17.3. | Kalbskotelett mit Sauce | Kochst. | SSt Ti 1235 | | Eis Ti | 815 | Fleisch 455 g, Fett 70 g, Mehl 30 g, | | | | | | | | |
| | | Salzkartoffeln | | Alu To 1355 | | Em To | 660 | Kart. 1500 g, Wasser 1000 g. | 55 | 80 | | 0,87 | | 0,296 | | 2,94 |
| 24 | 18.3. | Eier | Kochst. | SSt Ti 1235 | | Eis Ti | 815 | 5 Eier, Fett 120 g, Milch 375 g, | | | | | | | | |
| | | Spinat | | Alu To 1355 | | Em To | 660 | Spinat 1820 g, Wasser 250 g, | 70 | 115 | | | | | | 3,57 |
| | | Salzkartoffeln | | Alu To 1160 | | Alu To | 355 | Kartoff. 960 g, Wasser 500 g. | 85 | 110 | | 1,15 | | 0,322 | | |
| 25 | 19.3. | Lungenhaschee | Kochst. | Alu To 1160 | | Em To | 660 | Fleisch 755 g, Wasser 750 g, Salz 30 g, Gewürz 25 g, Fett 95 g, Mehl 50 g, Essig 20 g, | 285 | 185 | | | | | | 3,44 |
| | | Salzkartoffeln | | Alu To 1470 | | Alu To | 355 | Kart. 1390 g, Wasser 500 g | 180 | 150 | | 1,36 | | 0,396 | | |
| 26 | 20.3. | gedünsteter Schellfisch Senfsauce | Kochst. u. Brat. | Porz. 1540 | | Porz. | 165 | Fisch 675 g, Butter 50 g, Senf 50 g, Wasser 125 g, Mehl 10 g, | | | | | | | | 3,13 |
| | | Salzkartoffeln | | Alu To 1160 | | Alu To | 355 | Kart. 1265 g, Wasser 250 g, | 20 | 30 | | | | | | |
| | | Schokoladen-Pudding | | Alu To 1030 | | Alu To | 355 | Milch 500 g, Zucker 110 g, Puddingpulver 60 g | | | | 1,19 | | 0,380 | | |
| 27 | 21.3. | Matjes-Hering Büchsenbohnen | Kochst. | Alu To 1355 | | Alu To | 355 | Bohnen 600 g, Flüssigkeit 500 g, Mehl 30 g, Zwiebel, Fett 60 g, | 45 | 45 | | | | | | 3,59 |
| | | Pellkartoffeln | | SSt 2480 | | Em To | 660 | Kartoff. 1615 g, Wasser 750 g | 95 | 65 | | 0,79 | | 0,220 | | |
| | | 4. Woche insges. (soweit ermit.) | | | | | | | 1940 | 1875 | | 8,59 | | 2,680 | | 3,20 |

Die in den vorstehenden Tabellen angeführten Äquivalenzziffern sind, nach der Größe geordnet, in der folgenden Liste zusammengestellt, wobei die zweimal zubereiteten Einzelgerichte hintereinander angegeben sind.

| Tabellen-Nr. | Gericht | Äquiva-lenzziffer |
|---|---|---|
| 14 | Schweinebraten, Rotkraut, Kartoffeln, Pudding, Vanillesauce . . . . . . . . . . . . . . . . | 2,02 |
| 1 | Königsberger Klops, Sauce, Salzkartoffeln . . . . | 2,38 |
| 17 | Königsberger Klops, Sauce, Salzkartoffeln . . . . | 2,53 |
| 18 | Bouillon-Nudeln und Backobst[1]) . . . . . . . . | 2,52 |
| 4 | Bouillon-Nudeln und Backobst . . . . . . . . . | 2,58 |
| 3 | Leber, Möhren, Salzkartoffeln . . . . . . . . . | 2,92 |
| 21 | Beefsteak, Rotkraut, Salzkartoffeln . . . . . . . | 2,99 |
| 23 | Kalbskotelett, Sauce, Salzkartoffeln . . . . . . . | 2,94 |
| 9 | Kalbskotelett, Sauce, Salzkartoffeln . . . . . . . | 3,11 |
| 26 | Gedünst. Schellfisch, Salzkartoffeln, Senfsauce und Schokoladepudding[1]) . . . . . . . . . . . . | 3,13 |
| 22 | Rauchfleisch, Blumenkohl, Salzkartoffeln, Sauce, Ringäpfel . . . . . . . . . . . . . . . . . . | 3,07 |
| 8 | Rauchfleisch, Blumenkohl, Salzkartoffeln, Sauce, Ringäpfel . . . . . . . . . . . . . . . . . . | 3,25 |
| 11 | Lungen-Haschee, Salzkartoffeln . . . . . . . . . | 3,02 |
| 25 | Lungen-Haschee, Salzkartoffeln . . . . . . . . . | 3,44 |
| 15 | Bratwurst, Möhren, Salzkartoffeln, Grießpudding[1]) | 3,29 |
| 6 | Quark und Salzkartoffeln . . . . . . . . . . . | 3,34 |
| 20 | Quark und Salzkartoffeln . . . . . . . . . . . | 3,49 |
| 13[2]) | Matjeshering, Büchsenbohnen, Pellkartoffeln . . . | 3,19 |
| 27[3]) | Matjeshering, Büchsenbohnen, Pellkartoffeln . . . | 3,59 |
| 10 | Spiegeleier, Spinat, Salzkartoffeln . . . . . . . | 3,27 |
| 24 | Spiegeleier, Spinat, Salzkartoffeln . . . . . . . | 3,57 |
| 19 | Im Tiegel gebratener Schellfisch, Salzkartoffeln, Senfsauce, Grießpudding[1]) . . . . . . . . . | 3,60 |
| 5 | Das gleiche . . . . . . . . . . . . . . . . | 3,79 |
| 2 | Spiegeleier, Spinat, Salzkartoffeln, Oetker-Pudding, Vanillesauce[1]) . . . . . . . . . . . . . . | 3,71 |
| 12 | Eierkuchen . . . . . . . . . . . . . . . . . | 4,19 |

Die Äquivalenzziffer schwankt bei den einzelnen Gerichten zwischen 2,02 und 4,19 und stellt sich im gewogenen Durchschnitt auf 2,98. Der Durchschnittswert gilt nur für die speziellen Untersuchungen und kann

[1]) Nachtisch wurde mit Rücksicht auf erforderliche Abkühlung zeitlich getrennt und zwar einige Stunden vorher zubereitet.
[2]) Zubereitung auf einer elektrischen Kochplatte.
[3]) Zubereitung auf zwei elektrischen Kochplatten.

aus den schon wiederholt angeführten Gründen nicht ohne weiteres auf andere Verhältnisse übertragen, also nicht verallgemeinert werden. Wichtiger als der Durchschnittswert sind hier die gefundenen Unterschiede und ihre Begründung. Die erheblichen Schwankungen dürften, wie aus den einigermaßen übereinstimmenden Werten der mehrmals zubereiteten Gerichte hervorgeht, nur zu einem geringen Teil auf die in einem praktischen Haushaltbetrieb unvermeidlichen Verschiedenheiten der Bedienungsweise zurückzuführen sein.

Die niedrigste Verhältniszahl wurde mit 2,02 bei einem vorwiegend im Bratofen zubereiteten Gericht gefunden, die höchste mit 4,19 bei einem auf Kochplatte bzw. Kocherbrenner im offenen Tiegel hergestellten Gericht, bei dem eine Ausnutzung der Wärmekapazität der Kochplatte nur in beschränktem Umfang möglich ist.

Schon hieraus geht hervor, daß die Äquivalenzziffer weitgehend durch die technische Eigenart der verwendeten Geräteteile bedingt wird, deren Benützung wiederum von der für die einzelnen Gerichte in Betracht kommenden speziellen Zubereitungsart abhängt.

Um den Gründen der Verschiedenheit noch weiter nachzugehen, wurden besondere Ermittlungen vorgenommen.

### d) *Spezialuntersuchungen.*

An dem in den obigen Tabellen unter Nr. 26 erfaßten Kochtag wurde eine besonders unterteilte Ermittlung vorgenommen. Zunächst wurde als Gericht gedünsteter Schellfisch mit Salzkartoffeln und Senfsauce nebst Schokoladenpudding gewählt. Hierbei lag die Überlegung zugrunde, daß der Schellfisch im Bratofen gedünstet und die übrigen Teile auf den Kocherbrennern bzw. Kochplatten zubereitet wurden, wobei die Wärmekapazität der Heizplatten infolge der allgemein üblichen Zubereitungsart bei den Salzkartoffeln in großem, bei der Senfsauce in geringerem und bei dem Pudding in nur sehr kleinem Umfange ausgenützt werden konnte.

Da dieser Spezialuntersuchung besondere Bedeutung beizulegen war, nahmen daran Haushaltwärmespezialisten eines großen Elektrizitätswerkes und eines großen Gaswerkes teil.

Bei der Zubereitung auf dem elektrischen Herde wurden die Kochanweisungen berücksichtigt, die in dem Spezialkochbuch von Hildegard Margis, »Kochen — eine Freude«, herausgegeben von der Gemeinschaftswerbung der Vereinigung der Elektrizitätswerke e. V., Berlin, und des Zentralverbandes der Deutschen Elektrotechnischen Industrie e. V. enthalten sind. — Für die Bedienung des Gasherdes wurden die Ratschläge einer Kochdame eines großen Gaswerkes beachtet. Somit war, soweit praktisch möglich, den speziellen Erfordernissen des elektrischen und des Gaskochbetriebes bestens Rechnung getragen.

Zuerst wurde der Pudding bereitet, damit er sich bis zum Essens-
beginn genügend abkühlen konnte. Etwa 1½ Stunden später wurden
die Kartoffeln aufgesetzt, dann der Fisch in der Brat- und Backröhre
gedünstet und zuletzt die Senfsauce bereitet, wobei auf dem elektrischen
Herd dieselbe Platte benützt wurde, die auch zum Kochen der Kartoffeln
gedient hatte. Für die einzelnen Teile des Gesamtgerichtes wurde der
Strom- bzw. Gasverbrauch jeweils gesondert abgelesen. Das genaue
Kochprotokoll ist nachstehend wiedergegeben:

## Kochprotokoll.

Speisenfolge, Zutatenmengen und Geschirr:

Gedünsteter Schellfisch 675 g,

    Porzellanplatten 1540 g elektr., 1440 g Gas;

Salzkartoffeln 1265 g und 250 g Wasser,

    Aluminiumtöpfe 1160 g elektr., 355 g Gas;

Senfsauce 50 g Butter, 125 g Wasser, 50 g Senf, 10 g Mehl,

    Aluminiumtöpfe 1030 g elektr., 165 g Gas;

Schokoladenpudding 60 g Pulver, 500 g Milch, 110 g Zucker,

    Aluminiumtöpfe 1030 g elektr., 355 g Gas.

| | Elektrischer Herd | | | | Gasherd | | | |
| | | | Zählerstand | | | | Zählerstand | |
| Kochvorgang | Zeit | Schalter-stellung | Koch-platte[1]) | Brat-röhre | Zeit | Gashahn-stellung | Koch-stelle | Brat-röhre |
|---|---|---|---|---|---|---|---|---|
| **Pudding** | | | | | | | | |
| Milch aufsetzen . . | 11³⁶ | Stufe I | 149,00 | | 11³⁶ | große Flamme | 59,506 | |
| Milch kochend, anger. Puddingpulver dazu . . . . | 11⁴¹ | abgesch. | 149,19 | | 11³⁹ | kleine Flamme | 59,531 | |
| Pudding fertig . . | 11⁴⁶ | — | — | | 11⁴⁰ | abgedr. | 59,534 | |
| **Kartoffeln** | | | | | | | | |
| Kartoffeln aufs. . . | 13⁰⁰ | Stufe I | 149,19 | | 13⁰⁰ | große Flamme | 59,534 | |
| » kochend | 13¹¹ | abgesch. | 149,44 | | 13⁰⁷ | Sparfl. | 59,585 | |
| » fertig . . | 13²⁰ | — | | | 13²² | abgedr. | 59,610 | |
| **Fisch** | | | | | | | | |
| Fisch eingeschoben | 13²⁰ | Stufe I | | 11,03 | 13²⁰ | große Flamme | | 150,717 |
| | 13³² | » II | | | | | | |
| Fisch fertig . . . . | 13⁴¹ | abgesch. | | 11,66 | 13⁴¹ | abgedr. | | 150,972 |
| **Senfsauce** | | | | | | | | |
| Butter aufgesetzt, Mehl hinzu . . . | 13⁵⁴ | Platte nochwarm | 149,44 | | 14⁰¹ | große Flamme | 59,610 | |
| Senf mit Wasser hinzu . . . . . . | 14⁰⁴ | Stufe I | | | 14⁰⁵ | große Flamme | | |
| | | — | | | 14⁰⁶ | Sparfl. | | |
| | 14¹⁰ | abgesch. | 149,56 | | 14¹⁰ | gr. Fl. | 59,625 | |
| Sauce fertig . . . | 14¹¹ | — | | | 14¹¹ | abgedr. | 59,631 | |

[1]) Es wurde nur eine Kochplatte benutzt.

Die verbrauchten Strom- und Gasmengen sind in nachstehender Tabelle zusammengestellt und hierbei gleichzeitig die Gleichwertigkeitsziffern sowohl für die einzelnen Teile als auch für das Gesamtgericht berechnet.

|  | Stromverbrauch kWh | Gasverbrauch m³ | Äquivalenzziffer |
|---|---|---|---|
| Fisch . . . . . . . . . . | 0,63 | 0,255 | 2,47 |
| Salzkartoffeln . . . . . . | 0,25 | 0,076 | 3,29 |
| Senfsauce . . . . . . . . | 0,12 | 0,021 | 5,71 |
| Schokoladepudding . . . . | 0,19 | 0,028 | 6,79 |
| Gesamtmittagessen: | 1,19 | 0,380 | 3,13 |

Beim Dünsten des Fisches in der Brat- und Backröhre wurde die niedrigste Äquivalenzziffer mit 2,47 erreicht. Hier wirkt sich beim elektrischen Bratofen die gute und bei der Gasbratröhre die geringe Wärmeisolation aus. Der gefundene Wert ist keineswegs als besonders niedrig anzusprechen, da die Dünstzeit nur 24 Minuten betrug. Bei den durchschnittlich erheblich längeren Zubereitungszeiten beim Braten und Backen wirkt sich der Isolationsunterschied zwischen dem elektrischen und dem Gasbratofen noch weit stärker aus. — So wurde z. B. bei dem Gericht Nr. 14 der obigen Tabellen eine Gleichwertigkeitsziffer von 2,02 für das gesamte Mittagessen gefunden; wird berücksichtigt, daß hierbei für die Zubereitung von Rotkraut, Salzkartoffeln, Schokoladenpudding und Vanillesauce die Ziffer bestimmt höher als 2,02 ist, so muß sie für den Bratprozeß erheblich unter diesem Wert liegen.

Beim Kochen der Salzkartoffeln auf Gasbrenner und elektrischer Kochplatte ergab sich die nächsthohe Verhältnisziffer von 3,29. Die Wärmekapazität der elektrischen Kochplatte konnte hier, — die Stromzufuhr wurde bei Beginn des Kochens abgeschaltet, — für das Weiterkochen ausgenützt werden.

Bei Zubereitung der Senfsauce auf Gasbrenner und elektrischer Kochplatte wurde die ziemlich hohe Ziffer von 5,71 erreicht. Obgleich die elektrische Platte vom Kartoffelkochen noch warm war und die Stromzufuhr bei Erreichen der Kochtemperatur abgeschaltet wurde, konnte die Speicherwärme der Platte nur wenig ausgenützt werden, da die Senfsauce nur eine sehr geringe Fortkochzeit erfordert. Außerdem wirkte sich bei den hier verwendeten geringen Zutatenmengen die Wärmekapazität der Platte und auch des Spezialtopfes besonders stark aus (siehe auch übernächsten Absatz).

Beim Kochen des Schokoladenpuddings auf Gasbrenner und elektrischer Kochplatte stellt sich die Äquivalenzziffer auf 6,79. Obwohl die Kochplatte sofort bei Aufwallen der Milch abgeschaltet wurde, bestand infolge der kurzen Fortkochzeit nur eine geringe Möglichkeit der Ausnutzung der Speicherwärme. — Ein geringerer Stromverbrauch und damit auch eine niedrigere Verhältnisziffer hätte erzielt werden können, wenn die Stromzufuhr noch vor Erreichen des Siedepunktes unterbrochen worden wäre. Da dies aber im praktischen Haushaltbetrieb mit Rücksicht auf die dann erforderliche außerordentlich genaue Beobachtung nicht durchführbar ist, wurde auch hier von diesem wohl nur für Laboratoriumsversuche in Betracht kommenden Kunstkniff abgesehen.

Beim Kochen der Senfsauce und auch des Schokoladenpuddings hätte die Wärmekapazität der Platte durch Aufsetzen eines Topfes mit Wasser noch zum Teil ausgenützt werden können. Ein entsprechender Ratschlag wird auch meist für das elektrische Kochen gegeben. Im praktischen Küchenbetriebe hat aber die Hausfrau, von der Unbequemlichkeit ganz abgesehen, passende Wassertöpfe häufig nicht zur Hand, zumal gerade elektrische Spezialtöpfe wegen ihrer beträchtlichen Anschaffungskosten im allgemeinen nur in geringer Zahl gekauft werden. Ferner kann das so erwärmte Wasser oftmals nicht sofort verwendet werden und kühlt daher in den Metalltöpfen rasch ab. Auf Grund dieser Überlegungen wurde daher bei den vorstehenden Untersuchungen von einer derartigen Ausnutzung der Speicherwärme abgesehen.

### e) Schlußfolgerungen.

Die Äquivalenzziffer schwankt in weiten Grenzen. Sie ist von mannigfachen Faktoren und besonders von den technischen Eigenschaften der verwendeten Geräte, deren Auswirkung wiederum von der Zubereitungsart der Speisen bestimmt wird, abhängig. Sie ist im allgemeinen niedrig, also günstig für Strom und ungünstig für Gas, wenn die Speisen vorwiegend in der Brat- und Backröhre zubereitet werden. Sie wird höher, wenn auf den Kocherbrennern bzw. Heizplatten gekocht wird, und zwar um so mehr, je weniger die Speicherwärme der elektrischen Kochplatten ausgenützt werden kann. Werden oft Braten, Kuchen, Schmarren und ähnliches zubereitet, wird also der Bratofen häufig benutzt, wird das Gleichwertigkeitsverhältnis von Strom zu Gas niedriger sein, als wenn dies nicht der Fall ist. Dies gilt sowohl für einzelne Haushaltungen, als auch infolge Ähnlichkeit der Lebensverhältnisse für ganze Gegenden und sogar Länder.

Zu beachten ist auch, daß verschiedene Kochvorgänge von den Platten in die Bratröhre verlegt werden können, wodurch eine höhere Ausnützung der Elektrowärme, also eine für das elektrische Kochen günstige Äquivalenzziffer zu erzielen ist. Inwieweit sich die Hausfrauen jedoch umstellen werden, kann zur Zeit nicht recht beurteilt werden, zumal im Haushalt meistens ziemlich sehr an althergebrachten Kochweisen festgehalten wird. Da beim elektrischen und auch beim Gaskochen die im Interesse einer guten Wärmeausnützung zu erstrebende Anpassung an spezielle Erfordernisse von der Umstellungsfähigkeit der

Hausfrau abhängt, sei nachstehend eine interessante Feststellung von Herrn Ober-Ing. Albrecht, dem Leiter der Technischen Abteilung von »Der Gasverbrauch« G. m. b. H., Berlin, wiedergegeben[1]):

„Seit mindestens 20 Jahren wird (von den Gaswerken) versucht, die Hausfrau zu einer neuen Art des Kochens zu bewegen, zu dem Kochen mit übereinandergesetzten Töpfen, dem sog. Turmkochen. Die Erfolge rechtfertigen kaum die großen Aufwendungen, die für diese zweifellos wärmetechnisch sehr richtige Kochweise gemacht wurden. Die Hausfrau ist, wie wir alle wissen, in bezug auf das Kochen, Braten und Backen außerordentlich konservativ. Immerhin kann man aber doch wohl sagen, daß bei der jüngeren Generation das Kochen in übereinandergestellten Töpfen bereits Anklang gefunden hat.“

Aus den auch in den Untersuchungen festgestellten großen Schwankungen der Äquivalenzziffer bei Bereitung einzelner Gerichte geht hervor, daß einzelne Vergleichskochuntersuchungen, wie sie des öfteren von verschiedenen Werken veranstaltet wurden, keine allgemeine Bedeutung haben können. Werden sie öffentlich aufgezogen bzw. das Ergebnis in weiteren Kreisen bekannt gemacht, so besteht sogar leicht die Gefahr einer Irreführung der öffentlichen Meinung. Durch entsprechende Auswahl des Kochprogrammes ist bei einzelnen Untersuchungen letzten Endes in gewissem Umfange jede Äquivalenzziffer zu erreichen.

Die für die Speisenbereitung in den vierwöchigen Ermittlungen gefundene Äquivalenzziffer kann nicht als allgemeingültig hingestellt werden. Da aber der gewählte Speisezettel mitteldeutschen bürgerlichen Verhältnissen entspricht und da nach bester Möglichkeit den speziellen Erfordernissen der jeweiligen Geräte Rechnung getragen wurde, kann der ermittelten Durchschnittsziffer für die näher dargelegten Verhältnisse vielleicht doch in beschränktem Ausmaß eine gewisse Verallgemeinerungsfähigkeit beigemessen werden.

Zu beachten ist allerdings, daß bei dem durchgeführten Kochprogramm der Bratofen auch für mitteldeutsche bürgerliche Verhältnisse wenig verwendet und die Plattenspeicherwärme wohl zum eigentlichen Kochen, aber nicht zur Warmwasserbereitung ausgenützt wurde. Infolgedessen ist die gefundene Gleichwertigkeitsziffer von 2,98 für einen Haushalt von 4 bis 5 Personen vielleicht eher etwas zu hoch als zu niedrig. Sie liegt etwa in der Mitte zwischen den von den Elektrizitäts- und Gaswerken vertretenen Zahlen (siehe S. 24).

---

[1]) »Technische Monatsblätter für Gasverkäufer« 1929, Heft 10, S. 146.

## III. Verdampfungsverluste.

Für den eigentlichen Kochprozeß sind Temperaturen bis zu 100°, beim Braten 150 bis 200° und beim Grillen zum Teil noch höhere Temperaturen erforderlich.

Bei den Gasherden werden Temperaturen von 1000° bis 1500° und bei den elektrischen Herden von 200° bis 450° erzeugt.

Mit Rücksicht darauf, daß die erzeugten Temperaturen über den erforderlichen Wärmegraden liegen, ist bei beiden Energieträgern eine Temperaturherabsetzung notwendig, und zwar beim Gas in stärkerem Ausmaß als bei der Elektrizität. Eine Reduzierung erfolgt bei Gasgeräten bereits durch die zwischen Flammenspitze und Topf bzw. Kochgut liegende Luftschicht und weiter, ebenso wie beim elektrischen Herd, durch das Kochgefäß. Eine weitere Ermäßigung und gleichzeitig eine Temperaturbegrenzung auf das für den jeweiligen Prozeß erforderliche Ausmaß wird beim Kochen durch Wasser und beim Braten durch Fett erreicht, da deren Siedepunkte, solange Wasser oder Fett in genügender Menge vorhanden sind, nicht überschritten werden können. Außerdem sorgen Wasser und Fett auch für gleichmäßige Wärmeverteilung und -übertragung.

Da bei den Gasgeräten höhere Temperaturen als bei den elektrischen Geräten auftreten, liegt die Vermutung nahe, daß beim elektrischen Kochen geringere Mengen Wasser und Fett verdampfen als beim Gaskochen, worauf von den Elektrizitätswerken ausdrücklich hingewiesen wird[1]). Die Verhältnisse scheinen hier noch nicht genügend geklärt zu sein, um ein endgültiges Urteil zuzulassen. Zu berücksichtigen ist, daß die Verdampfungsmenge weniger von der Temperatur der Wärmequelle als vielmehr von der zugeführten Wärmemenge abhängt. Die Wärmemenge aber kann, wie bei Besprechung der Geräte dargelegt wurde, bei Gasgeräten in größerem Ausmaße als bei den nur in wenig Stufen schaltbaren elektrischen Geräten reguliert werden. Hierdurch ergibt sich auch eine entsprechende Auswirkung auf die Verdampfung.

Eine Verdampfung tritt vor allem beim Fortkochen ein. Da dann die Geräte mit den niedrigsten Leistungen betrieben werden, ist die jeweilige Verdampfungsmenge von den hierbei erzeugten Wärmemengen abhängig. Bei Kochplatten beträgt die stündliche Wärmeleistung der kleinsten Stufe je nach Plattengröße rd. 175 bis 260 kcal, während auf dem Gasbrenner bei Sparflamme rd. 210 bis 270 kcal erzeugt werden. Die niedrigsten Wärmemengen sind somit beim Gasherd nur wenig größer als beim elektrischen Herd, so daß auch die Verdampfungsverluste beim Fortkochen nicht sehr verschieden sein dürften.

[1]) U. a.: Dr. Müller, Dipl.-Ing. Mörtzsch, »Vergleichsgrundlagen für den Elektrizitäts- und Gasverbrauch im Haushalt« S. 4 (s. Literaturverzeichnis). — »Elektrizitätswirtschaft« 1929, Nr. 496, S. 570 ff. — »Der Werbeleiter« 1931, Nr. 12, S. 267 ff.

Beim Gasbrenner tritt die Auswirkung der Regulierung sofort und in vollem Umfang ein, während sie bei der elektrischen Kochplatte infolge der Wärmekapazität nach Zeit und Wärmemenge verzögert wird. Beim Übergang zu einer höheren Leistung bringt dieser Unterschied lediglich eine längere Zeitdauer des elektrischen Wärmevorganges mit sich. Bei Schaltung auf eine niedrigere Leistungsstufe dagegen, die vor allem nach Erreichen des Siedezustandes für das Fortkochen in Betracht kommt, ergibt sich zunächst eine unnötig hohe Wärmeabgabe, die erst nach und nach auf das notwendige Ausmaß, dann aber auch bald darunter zurückgeht. Dies bedingt wiederum eine erhöhte Verdampfung.

Gemäß den vorstehenden Ausführungen dürften die Verdampfungsverluste beim elektrischen und beim Gasherd nur wenig verschieden sein.

Bei den vom Verfasser durchgeführten Kochermittlungen waren die Verdampfungsverluste im allgemeinen gleich. In den auf S. 38 bis S. 41 angeführten Tabellen sind bei den einzelnen Gerichten die Verdampfungsverluste, soweit sie exakt ermittelt wurden, angegeben und betragen insgesamt 6956 g beim elektrischen und 7145 g beim Gaskochen. Die Verdampfungsziffern von mehrmals zubereiteten Gerichten sind an den verschiedenen Tagen ziemlich unterschiedlich, woraus der starke Einfluß der jeweiligen Bedienung hervorgeht.

Bei den Haushaltermittlungen sind, wie unter der Rubrik »Zutaten« angegeben, verhältnismäßig große Wassermengen zugesetzt worden, und zwar aus der Erwägung heraus, daß die meisten Hausfrauen infolge der schon erwähnten konservativen Einstellung ganz überwiegend unnötig hohe Wassermengen beigeben. Bei der auf S. 43 ff. dargelegten Spezialuntersuchung ist dagegen beim Kartoffelkochen nur wenig Wasser, und zwar 250 g für 1265 g Kartoffeln verwendet worden.

Während bei der Verdampfung von Wasser nur ein Energieverlust eintritt, der bereits durch Ermittlung der Äquivalenzziffer erfaßt wird, bedeutet eine Verdampfung von Fett auch einen Nahrungsmittelverlust und ist daher von weit größerer Bedeutung. Wird Speisen, denen auch Wasser zugesetzt ist, Fett beigegeben, so kann dieses infolge der Temperaturbegrenzung durch das Wasser nicht verdampfen. Somit entsteht ein Fettverlust durch Verdampfung vorwiegend beim Braten und Backen.

Über die Ausmaße dieser Verluste beim Gasherd und beim elektrischen Herd sind sowohl von Gas- als auch von Elektrizitätsverbänden Laboratoriumsuntersuchungen angestellt worden, die aber jeweils von der anderen Werksgruppe in ihrem Ergebnis angefochten wurden. Einschlägige Untersuchungen sind dadurch erschwert, daß in dem Kochgut auch gewisse Teile Wasser mit enthalten sind, die, ohne eine Temperaturbegrenzung auf 100° herbeiführen zu können, verdampfen, so daß am Ende des Prozesses meistens nicht angegeben werden kann, welche Teile

des Gewichtsunterschiedes auf die Wasser- und welche Teile auf die Fettverdampfung entfallen.

Im allgemeinen dürfte die Fettverdampfung auf dem Gasherd
etwas höher als auf dem elektrischen Herd sein. Beim Braten im offenen
Tiegel wird meistens verhältnismäßig wenig Fett verwendet, so daß der
Tiegelboden nicht überall vom Fett bedeckt ist. Die vom Fett nicht
bedeckten Stellen des Tiegels werden dann über die Siedetemperatur
des Fettes hinaus erwärmt und führen, wenn beim Bratprozeß auf diese
Stelle Fett gebracht wird, eine verstärkte Verdampfung herbei. Dies
wirkt sich bei den verhältnismäßig hohen Temperaturen der Gasflamme
mehr aus als bei den niedrigeren Temperaturen der Kochplatte. Dieser
Unterschied wird aber, ebenso wie bei der obenbeschriebenen Wasser-
verdunstung, bei Einschalten einer kleineren Leistung durch die für das
Fortsieden anfangs zu hohe Abgabe der Plattenspeicherwärme verringert.

Aus Vorsichtsgründen wird die Hausfrau beim Braten und Backen
mit dem Gasherd etwas mehr Fett verwenden als beim elektrischen
Herd. Aus diesem Unterschied kann aber noch nicht das Ausmaß des
geringeren Fettverlustes beim elektrischen Herd gegenüber dem Gasherd
errechnet werden, da ein Teil der Unterschiedsmenge meistens nicht ver-
dampft und daher als Nahrungsmittel erhalten bleibt. Aus höherem
Fettverbrauch folgert noch nicht ein entsprechend höherer Fettverlust.

## IV. Zubereitungs- und Bedienungszeit, Bequemlichkeit.

### A. Zubereitungszeit.

Noch vor einigen Jahren wurde gegen das elektrische Kochen der
Einwand vorgebracht, daß die Zubereitungsdauer der Speisen eine
wesentlich höhere als beim Gasherd sei. Dieser Vorwurf traf früher bei
Verwendung von Kochplatten mit niedriger Stromaufnahme zu. Seitdem
aber, vor allem in den letzten Jahren, die elektrischen Hochleistungsplatten eingeführt wurden, ist die Zubereitungsdauer auf den elektrischen
Herden erheblich vermindert worden.

Die Wärmeleistungen von Gasbrennern und Hochleistungsplatten
sind in nachstehender Tabelle angegeben:

| | Leistung | Heizwert | Stündliche Wärmeabgabe |
|---|---|---|---|
| Gasbrenner: | | | |
| normal . . . . . . | 0,45 m³/Std. | 3500 kcal/m³ | rd. 1550 kcal |
| groß . . . . . . . | 0,6 m³/Std. | 3500 kcal/m³ | » 2100 kcal |
| Elektrische Hoch-leistungsplatten: | | | |
| groß . . . . . . . | 1,8 kW | 860 kcal/kWh | » 1550 kcal |
| mittel. . . . . . . | 1,2 kW | 860 kcal/kWh | » 1030 kcal |
| klein . . . . . . . | 0,8 kW | 860 kcal/kWh | » 690 kcal |

Aus vorstehenden Werten ergibt sich, daß bei Volleinschaltung die stündlichen Wärmeleistungen von Gas-Normalbrennern und großen elektrischen Kochplatten gleich sind. Die Wärmezufuhr der mittleren und der kleinen Kochplatte ist allerdings erheblich niedriger.

Aus den Unterschieden zwischen den Wärmeleistungen kann aber eine Schlußfolgerung für die Zubereitungsdauer noch nicht gezogen werden, da hohe Wärmeleistungen nur beim Ankochen größerer Mengen benötigt werden, während zum Ankochen kleinerer Mengen eine geringere Wärmezufuhr genügt und vor allem für das Fortkochen sehr niedrige Leistungen ausreichen.

Ein Nachteil der elektrischen Kochplatte gegenüber dem Gasbrenner liegt in ihrer Wärmekapazität, durch die bei Einschaltung der kalten Platte eine gewisse Verlängerung der Erwärmungszeit bedingt wird. Bei Gerichten von kurzer Koch- oder Bratdauer, also z. B. Spiegeleier, Eierkuchen, Mehlsuppen u. dgl., ist daher der Gasherd hinsichtlich der gesamten Zubereitungsdauer dem elektrischen Herd überlegen. Bei Gerichten mit längerer Koch- oder Bratzeit dagegen, die bei weitem den Hauptteil der üblichen Speisen darstellen, gleicht sich der Zeitunterschied weitgehend aus.

Bei den weiter oben beschriebenen Kochermittlungen im Haushalt des Verfassers war wohl in einzelnen Fällen ein Zeitunterschied zum Nachteil des elektrischen Herdes feststellbar, im allgemeinen jedoch war die Zubereitungszeit auf beiden Herden dieselbe.

## B. Bedienungszeit und Bequemlichkeit.

Ein gewisser Unterschied besteht hier zwischen den beiden Energieformen insofern, als beim elektrischen Herd die Hausfrau weniger umrühren muß. Das Umrühren ist im allgemeinen dadurch bedingt, daß auch bei Wasser- oder Fettzusatz bisweilen festes Kochgut unmittelbar mit dem Topfboden in Berührung kommt und dann leicht anbrennt. Da das Temperaturgefälle beim elektrischen Herd niedriger ist als beim Gasherd, ist auch die Gefahr des Anbrennens geringer und somit ein Umrühren weniger notwendig. Bei Verwendung von Gasbrennern, die eine breite, gleichmäßige Wärmeverteilung ermöglichen, wird aber der hier gegebene Unterschied stark vermindert. Eine geringere Bedienungszeit und größere Bequemlichkeit ist beim elektrischen Herd noch dadurch gegeben, daß beim Gasherd häufiger Regulierungen der Wärmezufuhr vorgenommen werden, daß bei Inbetriebsetzung jeder einzelnen Kochstelle ein besonderes Anzünden notwendig ist und daß die Töpfe stärker verschmutzen.

Während die Elektrizitätswerke die vorstehend erwähnten Vorteile des elektrischen Kochens hervorheben, weisen die Gaswerke darauf hin, daß beim Übergang vom Kohlenherd zum Gasherd das Umlernen für die Hausfrau leichter sei als beim Übergang zum elektrischen Herd, und daß beim Kochen mit Gas an der Größe der Flamme die zweckmäßige Regulierung leicht erkennbar sei, während die Beachtung der Schalterstellung bei der elektrischen Kochplatte keine gleichwertige Kontrollmöglichkeit darstelle.

Wenn auch die vorstehenden Unterschiede hinsichtlich der Bedienungszeit und Bequemlichkeit im Konkurrenzkampf zwischen den Elektrizitäts- und Gaswerken bisweilen stark in den Vordergrund geschoben werden, so kommt ihnen doch bei den der Erörterung zugrundegelegten Herdarten im praktischen Küchenbetrieb bei Berücksichtigung der insgesamt erforderlichen Arbeit, und erst recht bei Einbeziehung der Vorbereitungsarbeiten, nur eine untergeordnete Bedeutung zu. Auch bei den wiederholt erwähnten Ermittlungen im Haushalt des Verfassers konnte ein irgendwie beachtlicher Unterschied hinsichtlich Bedienungszeit und Bequemlichkeit zwischen elektrischem Herd und Gasherd nicht festgestellt werden.

## V. Nährwert und Schmackhaftigkeit der Speisen.

Eine verschiedene Beeinflussung des Nährwertes und der Schmackhaftigkeit durch das elektrische und das Gaskochen ist im Konkurrenzkampf zwischen Gas- und Elektrizitätswerken des öfteren betont worden.

Ehe hierzu Stellung genommen wird, sei zunächst auf Untersuchungen von Prof. Dr. A. Scheunert, Leipzig[1]), über die Beeinflussung wertvoller Nahrungsmittelbestandteile beim haushaltüblichen Kochen hingewiesen, die in ihrem nachstehend auszugsweise angeführten Ergebnis mit den Untersuchungen anderer Forscher gut übereinstimmen:

Für praktische Ernährungszwecke erfolgt keine Schädigung des Eiweißes sowie der anderen organischen Hauptnährstoffe. Ebenso braucht auch eine Schädigung der Vitamine A und B nicht befürchtet zu werden. Geschädigt wird hingegen durch Erhitzungsmaßnahmen aller Art das Vitamin C. Zur möglichsten Erhaltung des Vitamines C wird gefordert werden müssen, den Erhitzungsvorgang so schonend wie möglich zu gestalten. Das Kochgefäß wird also am günstigsten sein, bei welchem die Erhitzungstemperatur am raschesten erreicht wird und bei dem die mit der Luft in Berührung befindliche Oberfläche am geringsten ist; denn die Zerstörung des Vitamins C beruht nicht allein auf einer Hitzewirkung, sondern vor allem auf einer Oxydation durch den Sauerstoff der Luft.

Aus diesen Feststellungen ist zu folgern, daß zwischen dem elektrischen und dem Gaskochen kein Unterschied hinsichtlich des Nährwertes

---

[1]) »Hauswirtschaft in Wissenschaft und Praxis«, Dezember 1929, Heft 4, S. 1 bis 5.

und der Beeinflussung der Vitamine A und B besteht. Die zur möglichsten Erhaltung des Vitamins C aufgestellten beiden Forderungen werden dagegen evtl. in unterschiedlichem Ausmaß erfüllt. Die Erhitzung dürfte im allgemeinen auf dem Gasbrenner vielleicht etwas schneller (siehe oben) als auf der elektrischen Hochleistungsplatte erfolgen. Die Berührung des Kochgutes mit der Luft dürfte dagegen beim elektrischen Herd etwas niedriger sein als beim Gasherd, soweit beim Kochen auf dem Gasbrenner öfters umgerührt und damit das Kochgut mit der Luft mehr in Berührung gebracht werden muß als beim elektrischen Kochen.

In welchem Ausmaß diese Unterschiede bestehen und welche Bedeutung ihnen zukommt, steht zur Zeit noch nicht fest und bedarf noch näherer Untersuchungen.

Über eine unterschiedliche Beeinflussung der Schmackhaftigkeit der Speisen liegen wohl einige Urteile, aber keine eingehenden Untersuchungen vor, deren Durchführung sehr schwierig ist, da eine Geschmacksbeurteilung stets nur subjektiv sein kann. Ohne näher Stellung zu nehmen, sei nur darauf hingewiesen, daß sowohl auf dem Gasherd, als auch auf dem elektrischen Herd gleich schmackhafte Gerichte zubereitet werden können.

# VI. Hygiene.

Durch die elektrische Wärmeerzeugung wird die Zusammensetzung der Luft nicht verändert.

Zur Gasverbrennung dagegen wird der Raumluft Sauerstoff entnommen. Die Abgase entweichen, sofern besondere Abzugsvorrichtungen nicht vorhanden sind, in den jeweiligen Raum. 1 m³ Mischgas braucht zur vollständigen Verbrennung praktisch etwa 4,5 m³ Luft. Die Abgase bestehen, vom Stickstoff abgesehen, hauptsächlich aus Wasserdampf ($H_2O$) und Kohlensäure ($CO_2$). — Bei Verbrennung von 1 m³ Mischgas entsteht rd. 1 m³ = rd. 760 g Wasserdampf und fast 0,5 m³ Kohlensäure. Erfolgt die Verbrennung nicht vollständig, so ist in den Abgasen auch noch Kohlenoxyd (CO) enthalten.

Kohlensäure ist bei verhältnismäßig geringen Mengen nicht schädlich, kann aber belästigend und gesundheitsschädigend wirken, wenn sie sich im Raum stark ansammelt. Gegen die Verwendung der üblichen abzugslosen Gasgeräte in normal großen Küchen bestehen keinerlei Bedenken, wohl aber in sehr kleinen Räumen, in denen daher stets besondere Lüftungsvorrichtungen angebracht werden müssen.

Der bei der Gasverbrennung entstehende Wasserdampf wird bis zum Erreichen des Sättigungsgrades von der Raumluft aufgenommen, darüber hinaus wird er als Wasser niedergeschlagen, was bei ungenügender Lüftung zu feuchten Wänden und zu einem leichteren Rosten von Metallteilen führen kann.

Kohlenoxyd, ein sehr giftiges Gas, kann nur bei unvollständiger Verbrennung infolge ungenügender Luftzufuhr in den Abgasen enthalten sein. Infolgedessen wird bei der Konstruktion von Gasbrennern ganz besonders darauf geachtet, daß eine ungenügende Luftzufuhr nach bester Möglichkeit ausgeschlossen wird. Es wird daher auch bei Berechnung des Verbrennungsluftbedarfs mit etwa 20% Luftüberschuß gerechnet. Weiter ist zur Vermeidung von Kohlenoxydbildung darauf zu achten, daß die Gasbrenner in regelmäßigen Zeitabständen gereinigt und ab und zu reguliert werden.

Bei einwandfreien Geräten und genügender Entlüftung können die vorerwähnten Gesichtspunkte ohne weiteres vernachlässigt werden, so daß die Gasverwendung als hygienisch zu bezeichnen ist; allerdings erfüllt die elektrische Küche hygienische Anforderungen in einem höheren Maße.

# VII. Beschaffungskosten, Lebensdauer und Instandhaltungskosten von

A. Installationen und Meßgeräten, B. Kochern und Herden, C. Geschirr.

## A. Installationen und Meßgeräte.

Wenn auch die Kosten für die Installationen den Abnehmer in Neubauten meist nur als Hausbesitzer, aber nicht als Mieter, bei Altwohnungen dagegen häufig auch als Mieter betreffen und wenn auch ferner die Beschaffungskosten der Meßgeräte überwiegend von den Gas- und Elektrizitätswerken getragen werden, so wird der Abnehmer doch auch für die ihn direkt nicht treffenden Kosten durch Einrechnung in den Mietpreis und durch Zähler- bzw. Grundgebühren u. dgl. für den Kapitaldienst und die Instandhaltung herangezogen. Infolgedessen sind die Kosten für Installation und Meßgeräte auch für den Abnehmer im allgemeinen von Bedeutung und daher hier zu erörtern.

1. Eine vergleichsweise Gegenüberstellung der Kosten für elektrische und Gasinstallationen ist, soweit dem Verfasser bekannt, noch nicht in einem nach Umfang und Exaktheit genügenden Ausmaß vorgenommen worden. Eine derartige Untersuchung dürfte in Anbetracht der mannigfachen Ausführungsformen und auch auf Grund der ziemlich uneinheitlichen Berechnungen nur sehr schwer durchzuführen sein. Im Rahmen dieser Arbeit soll hiervon abgesehen werden, und es sei nur kurz auf einige wichtige Gesichtspunkte hingewiesen. — An und für sich ist die Verlegung von Gasleitungen teurer als die von Stromleitungen infolge des Rohrmaterials und der hierdurch bedingten Verlegungsart. Werden aber von den Elektrizitätswerken bei der Installation von Kochgeräten Schutzschaltungen verlangt, so dürfte häufig der Umterschied aufgehoben werden.

Die Kosten der Meßapparate dürften bei Gas im allgemeinen niedriger als bei Strom sein, da das für verschiedene Verbrauchszwecke entnommene Gas meistens nur durch einen Zähler gemessen wird, während der Stromverbrauch häufig getrennt nach Licht- und Wärmestrom mit verschiedenen Zählern gemessen wird bzw. durch Doppel- oder Mehrfachtarifzähler, zu denen dann noch eine besondere Schaltuhr hinzukommt.

Die Gesamtkosten für Installation und Meßapparatur dürften in Deutschland bei Strom und Gas im allgemeinen nur wenig verschieden sein.

2. und 3. Bei der Lebensdauer und den Instandhaltungskosten kosten von elektrischen und Gasinstallationen sind die Verhältnisse bisher noch weniger geklärt als bei den Beschaffungskosten. Ohne hier nähere Untersuchungen anzustellen, sei nur kurz gesagt, daß die Lebensdauer der Installationen in beiden Fällen sehr groß ist, während elektrische Meßgeräte vielleicht infolge ihrer größeren Empfindlichkeit eine kürzere Lebensdauer als Gasmeßgeräte haben. Für die Instandhaltungskosten ergibt sich Entsprechendes.

## B. Kocher und Herde.

### 1. Beschaffungskosten.

Wenn auch ein Preisvergleich von elektrischen und Gasgeräten durch die Verschiedenartigkeit der Konstruktion und durch die mannigfachen Ausführungsformen sehr erschwert wird, so ist doch unter Berücksichtigung dieser Unterschiede nach bester Möglichkeit versucht worden, in der Tabelle auf Seite 56 die Brutto-Listenpreise vergleichbarer Geräte, unterteilt nach Kochern (Tischherden) und Herden (mit Bratöfen), zu erfassen.

An Hand dieser Zusammenstellung (Preisstand Frühjahr 1932) ergibt sich im Durchschnitt als Preisverhältnis von elektrischen zu Gasgeräten

bei Kochern (Tischherden) rd. 2,2 : 1 bis 3,1 : 1,
bei Vollherden (mit Bratöfen) rd. 1,6 : 1 bis 1,9 : 1.

Die bedeutend höheren Preise der elektrischen Kocher und Herde erklären sich zu einem Teil daraus, daß diese Geräte zur Zeit in verhältnismäßig kleinen Serien fabriziert werden. Sollte es später einmal bei evtl. starker Einführung des elektrischen Kochens möglich sein, größere Serien aufzulegen, so würden sich die Herstellungskosten und dann auch die Bruttopreise ermäßigen. Eine Herabsetzung auf die Verkaufspreise entsprechender Gasgeräte ist bei dem derzeitigen Stand der Gerätekonstruktion dadurch erschwert, daß die elektrischen Geräte komplizierter und daher in der Herstellung kostspieliger sind. Es ist allerdings keineswegs ausgeschlossen, daß vielleicht später einmal die bei der Fabri-

# Listenpreise von elektrischen und Gaskochgeräten. (Stand Frühjahr 1932).

nach Preislisten:

| | | | | | |
|---|---|---|---|---|---|
| A.E.G. | Ebhz. 6812, 6819, 6836 | März 32 | Eschebach | 1947 | Februar 32 |
| Prometheus | Teilliste 1 und 2 | Juli/Okt. 31 | Junker & Ruh | G 10 Nr. 85 | März 32 |
| S.S.W.-Protos | SGO-Nr. 4791/26 | März 32 | Meurer-Prometheus | R 70, R 248 | April 31 und 32 |
| Bergmann-Homann | Pl.F. 2, 330 132 | Januar 32 | Askania | 109 | Februar 32 |

| Zahl der Kochstellen | Ausführung | A.E.G. Kat.-Nr. | RM | Prometheus Kat.-Nr. | RM¹) | S.S.W.-Protos Kat.-Nr. | RM¹) | Bergmann-Homann Kat.-Nr. | RM¹) | Eschebach Kat.-Nr. | RM | Junker & Ruh Kat.-Nr. | RM | Meurer-Prometheus Kat.-Nr. | RM | Askania Kat.-Nr. | RM |
|---|---|---|---|---|---|---|---|---|---|---|---|---|---|---|---|---|---|
| | | | | | | Elektrische Kochgeräte | | | | Gaskochgeräte | | | | | | | |

**I. Kocher, (Tischherde) ohne Abstellplatten.**

| Zahl | Ausführung | A.E.G. Kat.-Nr. | RM | Prometheus Kat.-Nr. | RM¹) | S.S.W.-Protos Kat.-Nr. | RM¹) | Bergm.-Hom. Kat.-Nr. | RM¹) | Eschebach Kat.-Nr. | RM | Junker & Ruh Kat.-Nr. | RM | Meurer-Prom. Kat.-Nr. | RM | Askania Kat.-Nr. | RM |
|---|---|---|---|---|---|---|---|---|---|---|---|---|---|---|---|---|---|
| 1 | bestens | 35512 | 22,— a | 2302 | 21,— f | EKP 22 | 25,20 f | Fu 92 | 27,90 f | 55 2167 | 8,90 | 621V | 11,50 | 312A | 12,40 | 138 | 10,— |
| | einfach | 35524 | 39,— f | 2210 s | 51,30 f | EDK 12 8 | 54,— f | | | 55 2069 | 17,75 | 622 | 19,— | 316B | 18,— | 148 | 17,— |
| 2 | bestens | 243202 | 88,— a | 2312 w | 90,50 a | EBK 12 8 w | 63,— f | Fu 800/2 Gr. | 68,50 a | 55 5212 | 30,— | 641 | 31,25 | 1332 | 32,— | 153 | 30,— |
| 3 | einfach | 37140 | 110,— f | | | | | | | | | | | 326B | 36,— | 156 | 40,— |
| | bestens | 243203 | 189,— a | | | | | Fu 800/3 | 120,— a | 55 5213 | 51,30 | 649 | 47,50 | 326 | 50,— | 155 | 51,— |

**II. Herde, unten liegende Bratröhren mit Unter- und Oberhitze, 2 Abstellplatten.**

| Zahl | Ausführung | A.E.G. Kat.-Nr. | RM | Prometheus Kat.-Nr. | RM¹) | S.S.W.-Protos Kat.-Nr. | RM¹) | Bergm.-Hom. Kat.-Nr. | RM¹) | Eschebach Kat.-Nr. | RM | Junker & Ruh Kat.-Nr. | RM | Meurer-Prom. Kat.-Nr. | RM | Askania Kat.-Nr. | RM |
|---|---|---|---|---|---|---|---|---|---|---|---|---|---|---|---|---|---|
| 3 | bestens | 243005 | 203,— a | 3B 2221 | 292,— a | EKU 3 | 264,— a | Fu 825/3 | 225,— a | 55 2213 | 125,50 | 2653 | 128,50 | 672/3 | 159,— | 185 | 146,— |
| 4 | bestens | 243008 | 280,— a | 4B 2222 | 316,— a | EKU 4 | 285,— | Fu 825/4 | 254,— a | 55 2214 | 135,— | 2654 | 138,50 | 672/4 | 171,— | 187 | 156,— |

**III. Herde, oben liegende Bratröhren mit Unter- und Oberhitze, 1 Abstellplatte.**

| Zahl | Ausführung | A.E.G. Kat.-Nr. | RM | Prometheus Kat.-Nr. | RM¹) | S.S.W.-Protos Kat.-Nr. | RM¹) | Bergm.-Hom. Kat.-Nr. | RM¹) | Eschebach Kat.-Nr. | RM | Junker & Ruh Kat.-Nr. | RM | Meurer-Prom. Kat.-Nr. | RM | Askania Kat.-Nr. | RM |
|---|---|---|---|---|---|---|---|---|---|---|---|---|---|---|---|---|---|
| 3 | bestens | 243106 | 308,— a | 3 BH 2231 | 343,50 | EKO 3w | 301,50 a | Fu 835/3 | 248,— a | 55 253 | 177,50 | 1690 | — | 1704G | 182,50 | 1853 | 205,50 |
| 4 | bestens | 243108 | 330,— a | 4 BH 2232 | 367,50 a | EKO 4w | 322,50 a | Fu 835/4 | 277,— a | 55 254 | 186,— | 1690 | 206,— | 1704G | 192,50 | 1873 | 215,50 |

¹) a = mit auswechselbaren Kochplatten,
  f = mit fest eingebauten Kochplatten.

kation elektrischer Kochgeräte aufzulegenden Serien um so viel größer als die Gasgeräteserien sein werden, daß der in Konstruktion und Material begründete Unterschied der Herstellungskosten ausgeglichen würde. Zur Zeit gilt jedoch das schon angegebene Preisverhältnis.

In den letzten Jahren sind in Deutschland, — wie auch aus einer Veröffentlichung von Dipl.-Ing. Fr. Mörtzsch, »Die elektrische Küche in Deutschland«[1]) hervorgeht, — elektrische Vollherde in größerem Umfange als Tischherde und Haubenkochgeräte abgesetzt worden. Hierfür dürften verschiedene Gründe maßgebend sein. Dem bei teureren Geräten größeren Verkaufsgewinn kommt keine ausschlaggebende Bedeutung zu, da diese Geräte nur zu einem kleinen Teil durch Installateure und Fachgeschäfte verkauft werden, während die meisten Geräte durch die Elektrizitätswerke selbst, und zwar häufig zu ermäßigten Preisen vertrieben werden.

Ein wesentlicher Grund dürfte darin liegen, daß bei Herden durch die Bratröhre eine erhöhte Ausnutzung des Stromes und somit ein günstigeres Äquivalenzverhältnis als bei Tischherden (siehe oben!) erzielt wird. Weiter mag hinzukommen, daß bei den Hausfrauen auch das nette Aussehen des Vollherdes mitspricht.

Der hohe Anteil der Vollherde am Gesamtabsatz elektrischer Kochgeräte in den letzten Jahren ist mit Rücksicht auf die hohen Anschaffungskosten der Herde auch bei Würdigung der vorstehend genannten Gesichtspunkte erstaunlich und es fragt sich, ob dieses Verhältnis noch lange gewahrt bleiben kann. Soweit es sich um Neubauten, speziell Siedlungen handelt, die mit elektrischen Küchen eingerichtet werden sollen, wird, ebenso wie das in entsprechenden Fällen bei Gasküchen der Fall ist, dem Vollherd häufig der Vorzug gegeben werden. Wenn die elektrischen Küchen aber auch in Altwohnungen in größerem Ausmaß eingeführt werden sollen, was zwecks starker Verbreitung des elektrischen Kochens notwendig wäre, dürften ähnliche Erfahrungen wie bei Einführung der Gasküche gemacht werden.

In Deutschland sind in den mit Gas versorgten Küchen weit mehr Kocher als Herde, und zwar etwa im Verhältnis von 75 bis 80 zu 20 bis 25 installiert. Das angegebene Verhältnis, das nur durch Befragen zahlreicher Werke einigermaßen ermittelt werden konnte, dürfte eher noch einen zu hohen Anteil der Herde wiedergeben. — In einer sächsischen Großstadt betrug z. B. bei einer im Jahre 1930 durchgeführten Zählung der Anteil der Vollherde bzw. einer Kombination von Kochern und Bratröhren rd. 7%, während auf Kocher 93% entfielen, von denen wiederum über neun Zehntel 1- und 2-Lochkocher und weniger als ein Zehntel 3- und 4-Lochkocher waren. — Dieses Überwiegen des Gaskochers ist, von Raumknappheit abgesehen, vor allem durch den großen Unterschied

---

[1]) »Elektrotechnische Zeitschrift« 1931, Heft 37, S. 1162.

der Anschaffungskosten zu erklären. Da Herde meistens 2- bis 3 mal soviel wie Gaskocher kosten, ist ihre Anschaffung für die meisten Haushaltungen zu teuer. Außerdem ist die Brat- und Backröhre, die den Unterschied zwischen Herden und Kochern ausmacht, im Haushalt zwar recht angenehm, aber — besonders in Mitteldeutschland — keineswegs notwendig. Hinzu kommt, daß der Gasbratofen weitgehend durch ziemlich billige Backformen (Küchenwunder, Draluma, Zauberglocke) ersetzt werden kann und daß schließlich in den Küchen meistens mit Bratröhren ausgestattete Kohlenherde vorhanden sind.

Da der Preisunterschied zwischen elektrischen Herden und Kochern nicht ganz so groß wie bei den Gasgeräten ist, da ferner die Bratröhre eine größere Ausnützung der elektrischen Energie und somit einen geringeren Stromverbrauch ermöglicht, und da schließlich an Stelle des Bratofens verwendbare Zusatzgeräte nicht in gleichem Umfange und zu entsprechend billigen Preisen vorhanden sind, dürften für die elektrischen Küchen die Vollherde in einem etwas größeren Umfang als bei Gasküchen gewählt werden. Voraussichtlich werden aber auch in der elektrischen Küche, besonders bei Altwohnungen, mit Rücksicht auf die Anschaffungskosten überwiegend Kocher, also Tischherde, gekauft werden.

Der im Anfang dieses Abschnittes nachgewiesene erhebliche Unterschied in den Gerätebeschaffungskosten wird sich sicher, wenn er bestehen bleibt, für die weitere Verbreitung der elektrischen Küche als recht hinderlich erweisen.

## 2. Lebensdauer.

Die Lebensdauer von Gasgeräten beträgt, wie zahlreiche Beispiele der Praxis beweisen, 15, 20 und teilweise auch noch mehr Jahre[1]. Bei den elektrischen Herden, die ja in der jetzt verbreiteten Form erst seit verhältnismäßig wenig Jahren vorhanden sind, liegen umfassende Erfahrungen über die Lebensdauer noch nicht vor. Mit Rücksicht auf die fast durchweg übliche stabile, schwere und solide Konstruktion ist die Ansicht gerechtfertigt, daß die Lebensdauer der elektrischen Herde der Lebensdauer der Gasherde gleichkommen dürfte.

## 3. Instandhaltungskosten.

Umfassende und genügend exakte Unterlagen über die Instandhaltungskosten von Gasgeräten liegen zur Zeit, soweit dem Verfasser bekannt ist, nicht vor. Dasselbe trifft aus den im vorhergehenden Absatz erwähnten Gründen erst recht für die elektrischen Kochgeräte zu. — Auch durch Umfragen ist es dem Verfasser nicht möglich gewesen, hier klares Material zu erhalten, so daß ein Vergleich nicht gezogen werden kann.

[1] Siehe auch Technische Monatsblätter für Gasverkäufer 1929, Heft 10, S. 146.

## C. Kochgeschirr.

### 1. Beschaffungskosten.

Ein grundlegender Unterschied besteht zunächst insofern, als in der Gasküche das auf dem Kohlenherd verwendete Geschirr mitbenützt werden kann, während für den elektrischen Herd eine Neubeschaffung von Spezialgeschirr notwendig ist. Da in den weitaus meisten Haushaltungen auf den Kohlenherd, sofern nicht Zentral- oder eine ähnliche Heizung vorhanden ist, nicht verzichtet werden kann und dieser dann in der Praxis, vor allem im Winter, auch mit zum Kochen herangezogen wird, reicht bei der Gasküche nur eine Geschirrgarnitur aus, während in der elektrischen Küche im allgemeinen zwei Geschirrgarnituren notwendig sind. Von einer Verwendung elektrischen Spezialgeschirrs abzusehen, ist mit Rücksicht auf die dann gegebene Verschlechterung des Nutzeffektes nicht angängig. Von einem Preisvergleich zwischen Kochgeschirr für elektrische und für Gasherde soll hier abgesehen werden, da infolge der sehr verschiedenen Qualität eine Vergleichbarkeit nur in einem beschränkten Umfang besteht und da vor allem ein solcher Vergleich mit Rücksicht auf die vorstehenden Ausführungen wenig sinnvoll wäre.

Für einen Gesamtvergleich der elektrischen und der Gasküche sei kurz auf die Kosten hingewiesen, die dem Verbraucher durch die Beschaffung des elektrischen Spezialgeschirrs entstehen. Der wiederholt erwähnte Elektrowärmespezialist der Vereinigung der Elektrizitätswerke Berlin, Herr Dipl.-Ing. Fr. Mörtzsch, stellte in der »Elektrizitätswirtschaft«[1] das Kochgeschirr zusammen, das in einer elektrischen Küche mindestens vorhanden sein muß, wobei »nicht berücksichtigt ist, daß die Hausfrau aus Bequemlichkeitsgründen oft einen Topf mehr benützen will«. Für einen 2-Platten-Tischherd werden 3 Töpfe, 1 Brattopf und 1 Eierpfanne und für einen 3-Platten-Vollherd außerdem noch 1 weiterer Topf als unbedingt erforderlich angegeben.

Bei Zugrundelegung dieser Mindestauswahl ergibt sich für Fißler-Aluminium-Spezialgeschirr und für Silitstahlgeschirr Marke E, zwei besonders gute und von den Elektrizitätswerken empfohlene Ausführungen, daß die angegebene Mindestauswahl nach den zur Zeit geltenden Preislisten für Kocher rd. RM. 60,— bzw. RM. 35,— und für Herde rd. RM. 80,— bzw. fast RM. 50,— kostet.

Wird weiter berücksichtigt, daß die Hausfrau mit der angegebenen Mindestauswahl nicht auskommen wird und sich deshalb noch weiteres Geschirr kaufen muß, so ergibt sich, daß die Anschaffungskosten des elektrischen Spezialgeschirrs in Anbetracht deutscher Einkommens- und Vermögensverhältnisse eine nicht unwesentliche Erschwerung der Einführung des elektrischen Kochens darstellen.

[1] »Elektrizitätswirtschaft«, Mitteilungen der V.D.E.W., 1931, Heft 25, S. 716.

2. und 3. Lebensdauer und Instandhaltungskosten.

Aus den schon oben erörterten Gründen ist auch hier ein Vergleich zwischen elektrischem und Gaskochgeschirr wenig sinnvoll. Es sei daher nur kurz darauf hingewiesen, daß die elektrischen Spezialtöpfe sicherlich infolge ihrer schweren Ausführung eine hohe Lebensdauer haben. Wie lange die Töpfe mit Rücksicht auf die für eine gute Wärmeübertragung unerläßliche Ebenheit der Böden brauchbar bleiben bzw. welche Kosten für neues Abschleifen im allgemeinen auflaufen, kann zur Zeit nicht beurteilt werden, da noch zu wenig exaktes Material hierüber vorliegt.

# VIII. Verfügbarkeit, Zuverlässigkeit der Lieferung, Sicherheit gegen Gefahr.

A. Die Verfügbarkeit nach Zeit und Menge ist bei den elektrischen und Gaskochern und -herden praktisch gleich. Ein wesentlicher Unterschied besteht dagegen, wie bereits bei Besprechung der Geräte dargelegt wurde, bei den Warmwasserbereitern. Während mit den in erster Linie verwendeten Gasdurchlaufapparaten beliebige, nur durch die Leistung der Geräte begrenzte Warmwassermengen bereitet werden können, besteht bei den elektrischen Heißwasserspeichern eine Entnahmebeschränkung infolge Speicherinhalt und Aufheizzeit. Dieser Unterschied macht sich bei dem nicht allzu stark schwankenden Küchenwarmwasserbedarf weniger bemerkbar als bei dem Bedarf für Badezwecke, der im allgemeinen an den einzelnen Tagen außerordentlich verschieden ist. Bei der Badewasserbereitung mittels Heißwasserspeicher ist es daher nötig, um ein allzugroßes Speichervolumen zu vermeiden, die einzelnen Bäder auf die verschiedenen Tage möglichst gleichmäßig zu verteilen. — Eingehende Untersuchungen hierüber sollen im Rahmen dieser Arbeit nicht erfolgen.

B. Besonders in früheren Jahren wurde die Stromlieferung öfters als nicht genügend zuverlässig für die Haushaltversorgung angesehen. Seitdem aber in großem Umfange nicht nur die verschiedenen Elektrizitätswerke durch große Ringleitungen untereinander verbunden sind, sondern auch innerhalb der Versorgungsgebiete derartige Leitungen bestehen und somit die verschiedenen Versorgungspunkte von mehreren Seiten aus gespeist werden können, ist dieser Vorwurf nicht mehr aufrechtzuerhalten. Eine Überlegenheit gegenüber der Gaslieferung unter Hinweis auf mögliche Gasrohrbrüche und auf das Fehlen von Gasringleitungen kann aber auch nicht festgestellt werden, da Gaslieferungsunterbrechungen nur in außerordentlich geringem Umfange vorkommen.

Ohne eine nähere Untersuchung dieser Frage hier durchzuführen, kann vielleicht mit gutem Recht gesagt werden, daß die Zuverlässigkeit sowohl der Strom- als auch der Gaslieferung im allgemeinen gleich groß ist und den für den Haushaltbetrieb zu stellenden Ansprüchen durchaus genügt.

C. Jede Form der Energieverteilung und -verwendung birgt Gefahren in sich, die sich um so mehr auswirken, wenn die Bedienung durch ungeschulte bzw. wenig geschulte Kräfte erfolgt. Die bei der Strom- und Gasverwendung im Haushalt drohenden Gefahren, insbesondere Feuer, Explosionen, Vergiftungen und Verbrennungen können zu Sachbeschädigungen und zu Schäden für Gesundheit und Leben führen. Es ist daher gerade auf diesem Gebiet durch Belehrungen und praktische Unterweisungen eine sachgemäße Behandlung anzustreben. Weiter müssen technische Sicherheitsvorrichtungen vorgesehen werden. Untersuchung und Erforschung dieser Gefahren und Erfassung der eingetretenen Sachschäden und Unfälle ist unbedingt erforderlich, um auf Grund der gewonnenen Erfahrungen die Sicherheitsvorrichtungen immer weiter zu verbessern. Auf diesem Gebiet wird laufend stark gearbeitet, wofür ein Hinweis auf Schutzschaltungen sowie auf die Gasentgiftungs- und Gasparfümierungsbestrebungen genügen möge. Einen Vergleich zwischen der Gefährlichkeit der Strom- und Gasverwendung zu ziehen, ist nur an Hand sehr umfangreichen Materials möglich und würde über den Rahmen dieser Arbeit hinausgehen. Hier sei nur darauf hingewiesen, daß in der öffentlichen Meinung das Gas häufig für gefährlicher eingeschätzt wird als die Elektrizität. Diese Auffassung dürfte zum guten Teil auf die Häufigkeit der Selbstmorde mit Gas zurückzuführen sein, die aber als gewollte Vorgänge nicht den ungewollten Unfällen, die in erster Linie für eine Beurteilung der Gefährlichkeit heranzuziehen sind, gleichzusetzen sind.

Bei sachgemäßer Einrichtung, regelmäßiger Revision, entsprechender Instandhaltung und sachgemäßer Bedienung der Geräte ist die Verwendung sowohl von Strom als auch von Gas im Haushalt als gleich ungefährlich zu bezeichnen.

So notwendig im Interesse einer Verbesserung der Sicherungsvorrichtungen die Untersuchung der Gefährlichkeit von Strom und Gas ist, sind beim Konkurrenzkampf zwischen den Gas- und Elektrizitätswerken öffentliche Erörterungen über die jeweiligen Gefahrenquellen grundsätzlich zu vermeiden. Erfreulicherweise wird dieser Standpunkt von den Werksverbänden und im allgemeinen ebenso von den Werken vertreten. Wenn auch bedauerlicherweise ab und zu einzelne Werke von diesem Grundsatz abweichen, so kann doch gehofft werden und ist auf das entschiedenste anzustreben, daß Gefahrenerörterungen in Zukunft bei der Ausfechtung des Konkurrenzkampfes vermieden werden.

## Zusammenfassung der Ergebnisse.

Auf Grund der vorstehend unter I. bis VIII. dargelegten Untersuchungen ergibt sich vom Verbraucherstandpunkt aus, daß für die Haushaltwärmeerzeugung neben anderen Energiequellen sowohl Gas als auch Strom in Betracht kommen, und daß eine allgemeine Überlegenheit des einen Energiemittels gegenüber dem anderen nicht festzustellen ist.

Zu den unter I. bis VIII. genannten Gesichtspunkten kann in knappester Zusammenfassung etwa folgendes gesagt werden:

Die *Energiekosten* je Verbrauchseinheit sind bei den einzelnen Werken sehr verschieden. Eine Gleichheit für Strom und Gas würde bestehen, wenn die Energiekosten dem Äquivalenzverhältnis entsprechen.

Bei der Ermittlung einer *Äquivalenzziffer* ist zu unterscheiden zwischen Speise- und Warmwasserbereitung. Bei der näher behandelten Speisebereitung ergeben sich bei den einzelnen Gerichten erhebliche Schwankungen der Äquivalenzziffer, je nach der Zubereitungsart. Besonders stark wirken sich hier aus die gute Wärmeisolierungsmöglichkeit bei elektrischen Bratöfen und ferner die Wärmekapazität der Kochplatte. In eingehenden praktischen Untersuchungen wurde für einen Haushalt von 4 bis 5 Personen unter näher dargelegten Verhältnissen gefunden, daß für die Speisebereitung etwas weniger als 3 kWh nötig sind, um 1 m³ Gas von normalem Heizwert zu ersetzen. Dieses Ergebnis kann jedoch nur in stark beschränktem Umfange verallgemeinert werden.

Die *Verdampfungsverluste* von Wasser sind im praktischen Kochbetrieb nur wenig verschieden. Bei Gasgeräten wird im allgemeinen die Fettverdampfung etwas höher als bei elektrischen Geräten sein.

Hinsichtlich *Zubereitungs- und Bedienungszeit* sowie *Bequemlichkeit* bestehen gewisse Unterschiede, die sich aber zum Teil gegenseitig aufheben und zum anderen Teil bei Berücksichtigung des gesamten Küchenbetriebes unwesentlich sein dürften.

Der *Nährwert* wird in jedem Fall wenig beeinflußt. Die hinsichtlich der Erhaltung des Vitamins C teils günstigen teils ungünstigen Auswirkungen sind bei den beiden Energieformen zwar verschiedener Art, aber im Endeffekt wahrscheinlich gleich. Eine verschiedene Auswirkung auf die *Schmackhaftigkeit* ist nur sehr schwer feststellbar.

Den Anforderungen der *Hygiene* wird die Elektrizität in größerem Ausmaß als das Gas gerecht.

Die *Beschaffungskosten* von Installationen und Meßgeräten dürften für beide Energiearten nur wenig verschieden sein. Elektrische Kochgeräte sind nicht unerheblich teurer als entsprechende Gasgeräte. Ferner stellt die bei der elektrischen Küche notwendige Anschaffung von Spezialgeschirr eine weitere erhebliche Mehrausgabe gegenüber der Gasküche dar. Über *Lebensdauer* und *Instandhaltungskosten* liegen zur Zeit noch zu wenig Vergleichswerte vor.

Die *Verfügbarkeit* ist bei Kochgeräten gleich groß, während bei Warmwassergeräten eine Überlegenheit des Gases besteht. In der *Zuverlässigkeit der Lieferung* sind wesentliche Unterschiede nicht feststellbar. Die *Sicherheit gegen Gefahr* dürfte bei sachgemäßer Einrichtung, Instandhaltung und Bedienung gleich groß sein.

Abgesehen davon, daß vielleicht zur Zeit die Strompreise vielfach höher sind als dem Äquivalenzverhältnis entspricht, bestehen vor allem Unterschiede in der Hygiene und in den Beschaffungskosten von Geräten und Kochgeschirr. Es ist durchaus denkbar, daß der bei der Elektrizität gegebene hygienische Vorteil von vielen Verbrauchern so hoch eingeschätzt wird, daß sie der elektrischen Küche den Vorzug geben. Im allgemeinen dürfte allerdings dem rein wirtschaftlichen Gesichtspunkt der Beschaffungskosten oft eine ausschlaggebende Bedeutung zukommen. Sind außerdem noch die Stromkosten vergleichsweise höher als die Gaskosten, so dürfte zur Zeit infolge der schlechten deutschen Einkommens und Vermögensverhältnisse die Entscheidung zwischen elektrischer und Gasküche häufig zugunsten der letzteren ausfallen.

# Untersuchung vom Werksstandpunkt aus.

Zweiter Teil.

## I. Vergleich der Selbstkostenkalkulation von Elektrizitäts- und Gaswerken.

Die untere Grenze des Verkaufspreises für Strom und Gas ist in den Selbstkosten und die obere Grenze in der Wertschätzung durch den Abnehmer gegeben.

Bei der Kochenergielieferung liegen die durch die Wertschätzung und durch die Selbstkosten bedingten Grenzen bisweilen sehr eng beieinander. Es besteht hier sogar die Gefahr, daß ein nach der Wertschätzung bemessener Verkaufspreis unter den Selbstkosten des Werkes liegt und somit einen Verlust bringt. Hieraus ergibt sich, daß für die Werke eine genaue Berechnung der jeweiligen Gestehungskosten unbedingt erforderlich ist.

Über Selbstkostenkalkulation von Elektrizitäts- und Gaswerken ist besonders in den letzten Jahren sehr viel und gutes Material zusammengetragen und veröffentlicht worden. Es sei hier verwiesen auf die Berichte zur Zweiten Weltkraftkonferenz und auf die Verhandlungen und Berichte des Enquete-Ausschusses. Eine eingehende, grundsätzliche Behandlung dieser Fragen im Rahmen dieser Arbeit könnte zum weitaus größten Teil nur in einer Wiedergabe und Zusammenstellung der verschiedenen schon erschienenen Veröffentlichungen bestehen und soll daher unterbleiben.

Die Richtlinien über die Ermittlung der Gestehungskosten sind bisher für Strom und Gas fast durchweg in sehr verschiedener Form dargestellt worden, wodurch ein Vergleich der Kalkulation für die beiden Energiearten sehr erschwert wird. Infolgedessen sind vom Verfasser Schemata für die Strom- und für die Gaspreiskalkulation ausgearbeitet worden, die einander im Aufbau ähnlich sind und dem Charakter der Arbeit entsprechend eine bessere Vergleichsmöglichkeit schaffen sollen. Die Ausarbeitung erfolgte unter Anlehnung an die von der Vereinigung der Elektrizitätswerke ausgearbeiteten Richtlinien zur Ermittlung der Gestehungskosten elektrischer Arbeit und an den Weltkraftkonferenz-Bericht von Direktor Dr. Nübling, Stuttgart, über Gastarife-Gestehungskosten.

Schemata siehe nächste Seite!

## Gestehungskosten.

| | Strom | | | | Gas | | |
|---|---|---|---|---|---|---|---|
| | Erzeugungskosten | Fortleitungskosten a) Hochspannung | b) Niederspannung | Übergabekosten | Erzeugungs- und Speicherungskosten | Fortleitungskosten | Übergabekosten |
| **I. Feste Kosten** **a) Kapitalkosten** | Verzinsung Tilgung Erneuerungsrückstellung | Verzinsung Tilgung Erneuerungsrückstellung | Verzinsung Tilgung Erneuerungsrückstellung | Verzinsung Tilgung Erneuerungsrückstellung | Verzinsung Tilgung Erneuerungsrückstellung | Verzinsung Tilgung Erneuerungsrückstellung | Verzinsung Tilgung Erneuerungsrückstellung |
| **b) Betriebskosten** | Instandhaltungs.-Kosten, durch Bereitstellung verursacht größerer Teil der Gehälter und Löhne größerer Teil der sonstigen Betriebskosten (Steuern, Versicherg., Miete, Fahr- u. Bürokosten u. dergl.) | Instandhaltgs.-Kosten Gehälter und Löhne sonstige Betriebskosten Betriebsstoffkosten | Instandhaltgs.-Kosten Gehälter und Löhne | Instandhaltgs.-Kosten Gehälter und Löhne | Instandhaltgs.-Kosten, durch Bereitstellung verursacht größerer Teil der Gehälter und Löhne größerer Teil der sonstigen Betriebskosten (Steuern, Versicherz., Mieten, Büro-, Fahrz.-Kosten u. dergl.) | Instandhaltgs.-Kosten Gehälter und Löhne sonstige Betriebskosten | Instandhaltgs.-Kosten Gehälter und Löhne |
| **c) Verwaltungskosten (Generalunkost.)** | Verwaltungskostenanteil | Verwaltungskostenanteil | Verwaltungskostenanteil | Verwaltungskostenanteil | Verwaltungskostenanteil | Verwaltungskostenanteil | Verwaltungskostenanteil |
| **d) Vertriebskosten** | | | | Messung, Verrechng., Einzug, Werbg. | | | Messung, Verrechnung, Einzug, Werbg. |
| **II. Bewegliche Kosten** **Betriebskosten** | Betriebsstoffkosten (Kohle, Öl, Wasser usw.) Instandhaltungskosten durch Betrieb verursacht Teil der Gehälter und Löhne Teil der sonstigen Betriebskosten | | | | Reine Gaserzeugungskosten, also ungedeckte Kohlekosten[1] (Gasreinig., Verarbeitg. der Nebenerzeugnisse Instandhaltungskosten durch Betrieb verursacht Teil der Gehälter und Löhne Teil der sonstigen Betriebskosten | | |

[1] Ungedeckte Kohlekosten = Kosten für Kohle einschließlich Fracht, abzüglich Reineinnahmen aus Nebenerzeugnissen.

Wie die Schemata zeigen, ist eine Unterteilung nach festen und beweglichen Kosten vorgenommen. Die unabhängig von der verkauften Energiemenge entstehenden Kosten werden als fest und die übrigen als beweglich bezeichnet. Die festen Kosten sind gegliedert nach Kapitals-, Betriebs-, Verwaltungs- und Vertriebskosten und auf die Hauptanlageteile, also Erzeugungs- einschl. Speicherungs-, Fortleitungs- und Übergabeanlagen bezogen.

Sowohl beim Strom- als auch beim Gaskalkulationsschema überwiegen die festen Kostenbestandteile weitaus. Sämtliche Fortleitungs- und Übergabekosten sind feste Kosten und ebenso auch der ganz überwiegende Teil der Erzeugungskosten. Zu den beweglichen Kosten ist lediglich ein Teil der Erzeugungsbetriebskosten zu rechnen.

Der weitaus größte Teil der festen Kosten entfällt auf die Kapitalskosten, die vor allem durch das jeweils erforderliche Ausmaß der Anlagenteile bedingt werden.

Die Elektrizitäts- und Gaswerke sind daher bestrebt, die erforderlichen Anlagen möglichst voll und gleichmäßig auszunutzen, um die festen Kosten auf eine recht große Zahl von Energieeinheiten umlegen und somit die Preise je Energieeinheit niedrig halten zu können. Niedrige Energiepreise führen dann wiederum zu einem erhöhten Absatz.

## II. Vergleich der Erzeugungs- und Abgabeverhältnisse von Elektrizitäts- und Gaswerken.

### A. Ausnützung der Anlagen.

Der Strom- und Gasverbrauch erfolgt nicht gleichmäßig, sondern weist starke Schwankungen auf, und zwar sowohl innerhalb eines einzelnen Tages als auch zwischen den verschiedenen Tagen, insbesondere Wochentagen und Sonn- und Festtagen, und schließlich auch zwischen den verschiedenen Jahreszeiten, insbesondere zwischen Sommer und Winter. Da die Anlagen der Werke so bemessen sein müssen, daß der Maximalbedarf befriedigt werden kann, wird durch die Verbrauchsschwankungen die angestrebte volle Ausnützung der Anlagenteile stark beeinträchtigt.

#### 1. Erzeugungsanlagen.

Ein wesentlicher Unterschied zwischen Elektrizitäts- und Gaswerken besteht darin, daß das Gas auf Vorrat erzeugt werden kann, während bei der Elektrizität eine unmittelbare wirtschaftliche Speicherungsmöglichkeit nicht gegeben ist.

Bei Dampfkraftwerken kann zwar der Dampf und bei Wasserkraftwerken das Wasser, aber nicht der Strom selbst, — von der nur bei Gleichstrom möglichen Akkumulation abgesehen, — gespeichert werden. Diese Dampf- und Wasserspeicheranlagen bedingen aber meistens recht erhebliche Kosten und bringen bei der Bemessung der elektrischen Anlageteile keinerlei Ersparnisse. Infolgedessen müssen die Stromerzeugungsanlagen so groß bemessen sein, daß der höchste Strombedarf im Augenblick seines Auftretens befriedigt werden kann.

Bei den Gaswerken werden dagegen die während eines Tages auftretenden Abgabeschwankungen durch den Speicher aufgefangen. Die Gaserzeugungsanlagen können daher, unabhängig von den Verbrauchsschwankungen, während aller 24 Stunden eines Tages gleichmäßig belastet werden, und ihre Leistungsfähigkeit braucht nur der mittleren Abgabe zu entsprechen.

Die vorstehend skizzierten Unterschiede sind gut aus den folgenden Erzeugungs- und Abgabe-Tageskurven ersichtlich. Die Stromerzeugungskurve entspricht der Stromabgabekurve und weist alle beim

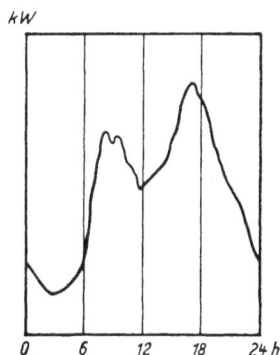

Abb. 3.

Elektrizitätswerks-Tageskurve
der Stromerzeugung sowie der Stromabgabe
ab Werk.

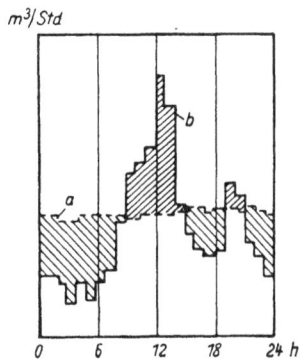

Abb. 4.

Gaswerks-Tageskurve[1]
a) der Gaserzeugung,
b) der Gasabgabe ab Speicher.

Verbrauch auftretenden Schwankungen auf, während die Gaserzeugungskurve unabhängig von den Abgabeschwankungen beinahe geradlinig verläuft.

Da die Gasspeicher als zusätzliche Anlageteile auch zusätzliche jährliche Kosten verursachen, werden zur Erzielung des wirtschaftlichen Optimums die Speicher ganz allgemein nur so groß bemessen, daß lediglich die innerhalb eines Tages, dagegen nicht die zwischen den einzelnen Tagen bzw. zwischen den verschiedenen Jahreszeiten auftretenden Belastungsschwankungen ausgeglichen werden. Durch diesen auch in der Fachliteratur bei der Gegenüberstellung von Strom- und Gaserzeugung oft nicht bedachten Umstand wird bedingt, daß die Leistungsfähigkeit der Gaserzeugungsanlagen zwar nicht der höchsten Momentanabgabe, wohl aber der höchsten Tagesabgabe entsprechen muß, so daß

---

[1]) Mannheim, Gaswerksbericht 1929.

an belastungsschwachen Tagen die Erzeugungsanlagen nicht voll ausgenützt sind.

Die im Laufe eines Jahres auftretenden Belastungsschwankungen
sind, wie nachstehende Diagramme zeigen, sowohl bei den Gas- als auch
bei den Elektrizitätswerken sehr erheblich. Es gibt somit bei beiden
Werksgruppen Jahreszeiten, in denen die Erzeugungsanlagen nur zu
einem Teil ausgenutzt sind.

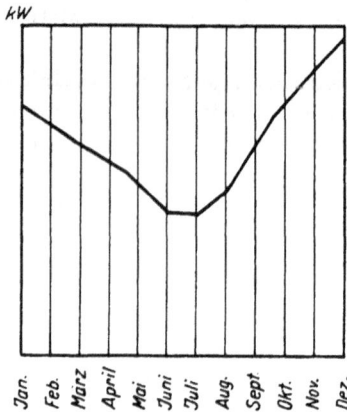

Abb. 5.

Elektrizitätswerks-Diagramm
der während eines Jahres in den einzelnen
Monaten aufgetretenen Höchstbelastungen.

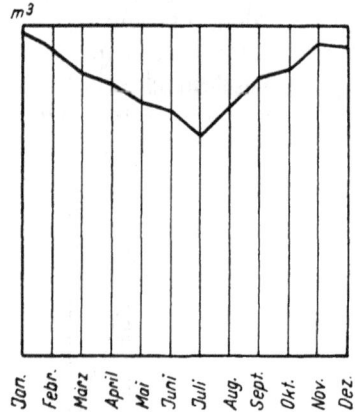

Abb. 6.

Gaswerks-Diagramm
der während eines Jahres in den einzelnen
Monaten abgegebenen Gasmengen.

Bei einer Zusammenfassung der vorstehenden Darlegungen ergibt
sich somit folgendes:

Die Erzeugungsanlagen sind innerhalb eines Tages nur bei den
Elektrizitätswerken, innerhalb eines Jahres aber sowohl bei den Elek-
trizitäts- als auch bei den Gaswerken ungleichmäßig belastet. Zwecks
besserer Ausnützung der Erzeugungsanlagen streben beide Werksgruppen
nach Absatz während der belastungsschwachen *Jahres* zeiten, die
Elektrizitätswerke außerdem auch noch während der belastungsschwachen
*Tages* zeiten.

## 2. Fortleitungs- und Übergabeanlagen.

Hier bestehen bei den Elektrizitäts- und Gaswerken weitgehend
übereinstimmende Verhältnisse. Sowohl die Gas- als auch die Strom-
fortleitungs- und -übergabeanlagen müssen nach der zu irgendeinem
Zeitpunkt kurzzeitig auftretenden größten Bedarfsmenge bemessen sein
und sind somit in der übrigen Zeit nur unvollkommen ausgenutzt.

## B. Auswirkung auf Preiskalkulation.

### 1. Auswirkung auf Höhe der Energiepreise.

Für zusätzliche Energielieferungen in belastungsschwachen Zeiten erwachsen sowohl den Elektrizitäts- als auch den Gaswerken nur geringe feste Kosten, so daß auch verhältnismäßig niedrige Strom- bzw. Gaspreise eingeräumt werden können.

### 2. Auswirkung auf Umlegung der festen Kosten.

Bei der Gaspreiskalkulation können infolge der Speicherungsmöglichkeit die festen Kosten zu einem großen Teil gleichmäßig auf die Gesamtabgabe umgelegt werden. Bei einer den Selbstkostenverhältnissen entsprechenden Strompreiskalkulation müssen dagegen dem Einzelabnehmer, unabhängig von der Stromverbrauchsmenge, die festen Kosten je nach der durch seine Abnahme bedingten zusätzlichen Belastung der Anlageteile in Rechnung gestellt werden.

Dieser ganz wesentliche Unterschied kommt auch bei den heutzutage als beste Tarifform bewerteten Grundgebührentarifen zum Ausdruck. Bei Gaswerken ist in der Grundgebühr nur der kleinere Teil der festen Kosten, und zwar vor allem für Gasmesser und Fortleitungsnetze enthalten, während der größere Teil der festen Kosten mit in den Preis je Verbrauchseinheit eingerechnet ist. Bei Elektrizitätswerken dagegen entspricht der Grundgebührentarif dann am besten den Selbstkostenverhältnissen, wenn in die Grundgebühr möglichst alle festen Kosten und in den Preis je Stromeinheit nur die beweglichen Kosten einbezogen werden. Aus praktischen Erwägungen heraus kann allerdings diesem Grundsatz bei Aufstellung von Stromtarifen meist nicht in vollem Umfange Rechnung getragen werden, da sich ein derartiger Tarif infolge der dann erforderlichen hohen Grundgebühr erfahrungsgemäß nur sehr schwer einführen läßt. Infolgedessen ist bei der ganz überwiegenden Mehrzahl deutscher Strom-Grundgebührentarife ein Teil der festen Kosten noch im Arbeitspreis enthalten, wodurch aber die Richtigkeit des angeführten Grundsatzes nicht beeinträchtigt wird.

## III. Kochenergielieferung der Elektrizitätswerke.

### A. Streben nach Ausnützung der Anlagen.

Die Elektrizitätswerke sind zur Verbesserung der Benützungsdauer bestrebt, Abnehmer zu gewinnen, die Strom zu belastungsschwachen Zeiten beziehen, so daß die vorhandenen Anlagen für Erzeugung, hochspannungsseitige und niederspannungsseitige Fortleitung und Übergabe besser ausgenützt werden und möglichst wenig bzw. überhaupt nicht verstärkt werden müssen.

Zu den Zeiten, in denen die jeweils gegebenen Belastungskurven Täler aufweisen, kann elektrische Arbeit ohne zusätzliche Leistungsbeanspruchung und infolge der hierdurch gegebenen geringen Gestehungskosten zu niedrigen Preisen abgegeben werden.

Die ohne Anlageverstärkung abgebbare elektrische Arbeit kann, wie nachstehend an einem Kraftwerkdiagramm ausgeführt ist, kurvenmäßig dadurch dargestellt werden, daß die jeweils gegebene Belastungskurve (siehe linkes Diagramm) um eine am höchsten Belastungspunkt gezogene Abszisse hochgeklappt wird.

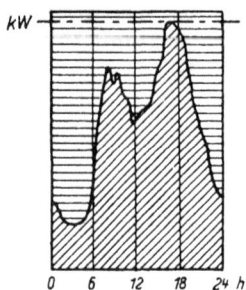

bereits beanspruchte elektrische Arbeit

ohne Anlagenverstärkung zusätzlich abgebbare elektrische Arbeit

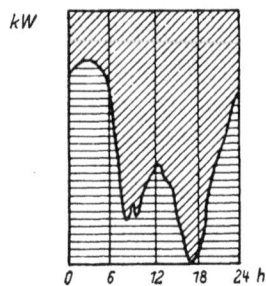

Abb. 7.
Diagramm der beanspruchten Leistung eines Kraftwerkes.

Abb. 8.
Diagramm der nicht ausgenützten Leistung desselben Kraftwerkes.

Besonders willkommene Stromverbraucher sind z. B. Heißwasserspeicher, die nachts aufgeheizt werden, d. h. zu einer Zeit, da die Belastungen der Hauptanlageteile fast durchweg sehr niedrig sind und somit freie Leistungen zur Verfügung stehen. Werden allerdings in einem Gebiet sehr viel Heißwasserspeicher angeschlossen, so können für die Verteilungsnetze und Übergabeanlagen leicht beträchtliche Netzverstärkungen notwendig werden, wie es z. B. in der Stadt Basel der Fall ist.

Noch bis vor wenigen Jahren wurde im allgemeinen angenommen, daß der Kochstromverbrauch verhältnismäßig hohe Leistungen bedinge, in seinem Tagesbelastungsverlauf nur wenig der Kurve der ohne Anlagenverstärkung möglichen Stromabgabe entspräche und daher erhebliche Anlagenverstärkungen nötig mache. Infolgedessen schienen hohe Kochstrompreise erforderlich, die wiederum eine umfangreiche Einführung des elektrischen Kochens unmöglich gemacht hätten. Zu einer Zeit, in der bereits gute Kochgeräte auf dem Markt waren, hatten daher die meisten deutschen Elektrizitätswerke noch sehr starke Bedenken, ob der Strom zu Preisen geliefert werden könne, die ein wirtschaftliches elektrisches Kochen ermöglichten. — Aus dieser Einstellung heraus wurde früher, zum mindesten in Deutschland, das elektrische Kochen verhältnismäßig wenig propagiert. Elektrische Vollherde waren in deutschen Haushaltungen bis vor wenigen Jahren eine große

Ausnahme. Es waren lediglich Zusatzkochgeräte wie Wasserschnell-
kocher, Einzelkochplatten u. dgl. m. in Benutzung.

In den letzten Jahren hat sich hier eine erhebliche Wandlung insofern vollzogen, als die Kochstromlieferung von den Elektrizitätswerken immer mehr gepflegt und besondere Kochstromtarife geschaffen
wurden. Wie zögernd und vorsichtig sich aber die deutschen Elektrizitätswerke umstellten, geht besonders daraus hervor, daß im Anfang der
etwa im Jahre 1926 in größerem Umfang einsetzenden Kochstromlieferung in erster Linie Sparkochgeräte mit niedrigen Anschlußleistungen
und erst in den folgenden Jahren Plattenherde abgesetzt und daß ferner
die Kochstrompreise nur langsam und schrittweise ermäßigt wurden.

Wenn sich schließlich doch eine Umstellung vollzogen hat, so ist
dies auf die Ergebnisse umfangreicher in den letzten Jahren durchgeführ-
ter Untersuchungen über die Auswirkung des elektrischen Kochens auf
die Belastungsverhältnisse der Elektrizitätswerksanlagen zurückzuführen. Bevor auf diese Ermittlungen eingegangen wird, soll zunächst
ein Überblick über die Größenordnung der Anlagekosten eines Elektrizitätswerkes, bezogen auf die Leistungseinheit Kilowatt (kW), gegeben werden.

## B. Anlagekosten.

Zwischen den einzelnen Elektrizitätswerken bestehen zum Teil
ganz außerordentliche Unterschiede hinsichtlich der Kosten der Hauptanlageteile, wie allein schon ein Vergleich der Anlagekosten von städtischen und von Überlandwerken ergibt. Die nachstehenden Kosten-
angaben können daher auch, obwohl der Verfasser um die Ermittlung
gewisser für moderne Überlandwerke gültiger Durchschnittswerte be-
müht war, lediglich zur Charakterisierung der Größenordnung der Anlagekosten dienen.

Gemäß dem weiter vorn wiedergegebenen Gestehungskostenschema
wäre an und für sich eine Unterteilung nach Kraftwerk, Hochspannungsnetz einschließlich Umspannwerken, Niederspannungsnetz einschließlich Transformatorenstationen, und Übergabeanlagen vorzunehmen.
Der Einfachheit halber und einer in der Praxis verbreiteten Gewohnheit
entsprechend, sollen hier die Übergabekosten mit den Kosten der niederspannungsseitigen Fortleitung zusammengefaßt werden.

### 1. Kraftwerk.

Die Erzeugungsanlagekosten sind bei Wasserkraftwerken, bezogen
auf die mittlere Jahresleistung, durchschnittlich weit höher als bei
Dampfkraftwerken, bezogen auf die installierte Maschinenleistung. Da
in Deutschland die Dampfkraftwerke nach Zahl und Leistung überwiegen, seien nachstehend nur für diese Werke Anlagekostenbeispiele
angeführt:

| α) gemäß Gutachten des Sachverständigen Dr.-Ing. Siegel[1]) vor dem Enquête-Ausschuß: | | β) gemäß den Ausführungen des Sachverständigen Dipl.-Ing. zur Nedden[1]) vor dem Enquête-Ausschuß: | |
|---|---|---|---|
| installierte Maschinenleistung kW | Kraftwerks-Anlagekosten-RM./kW | installierte Maschinenleistung kW | Kraftwerks-Anlagekosten RM./kW |
| 1 000 | 650,— | 10 000 | 520,— |
| 5 000 | 450,— | 20 000 | 470,— |
| 20 000 | 360,— | 100 000 | 325,— |
| 50 000 | 250,— | 200 000 | 290,— |

Für große moderne Dampfkraftwerke kann im Durchschnitt mit Erzeugungsanlagekosten von etwa RM. 325,— je kW gerechnet werden, die sich unter Berücksichtigung einer Kraftwerksleistungsreserve von 20%, die niedrig angesetzt ist, auf rd. RM. 400,— je verfügbares kW erhöhen. Werden für die Verzinsung 7%, für Erneuerungsrückstellungen 3% und für feste Instandhaltungskosten 2%, also insgesamt 12% gerechnet, so betragen die jährlichen Kapitaldienstkosten RM. 48,— je verfügbares Kilowatt.

## 2. Hochspannungsnetz.

Die Kosten der hochspannungsseitigen Fortleitung hängen besonders von der Leitungslänge ab und betragen bei Annahme einer 100 bis 150 km langen Leitung bei Einrechnung von Umspannwerken und einschließlich der notwendigen Reserven, gemäß Enquete-Gutachten Dipl.-Ing. zur Nedden, ungefähr RM. 200,— je kW. Wird für Verzinsung, Erneuerungsrückstellung und feste Instandhaltungskosten jährlich insgesamt 10% gerechnet, so belaufen sich die Kapitaldienstkosten auf etwa RM. 20,— je kW und Jahr.

## 3. Niederspannungsnetz und Übergabeanlagen.

Die Kosten der niederspannungsseitigen Übertragungsanlagen mit Transformatoren und einschließlich Übergabeanlagen sind je nach der Verbrauchsdichte außerordentlich verschieden. Werden diese Anlagekosten im Durchschnitt mit RM. 700,— je kW Kraftwerksleistung angenommen, so betragen die jährlichen Kapitaldienstkosten bei einem Gesamtsatz von 12% rd. RM. 84,— je Kraftwerkskilowatt und Jahr. Auf die Leistung des Niederspannungsnetzes bezogen, liegen die Kosten erheblich niedriger, da die Gesamtleistung der Niederspannungsanlagen weitaus größer als die Kraftwerksleistung ist.

Die vorstehend genannten Anlagekosten, die für größere Überlandwerke ungefähr zutreffen dürften und auch mit den von dem Sachverständigen Dr.-Ing. Siegel in seinem Enquete-Gutachten angegebenen

[1]) »Die deutsche Elektrizitätswirtschaft« (s. Lit.-Verz. I) S. 292 u. 220.

Gesamtkosten eines Überlandwerkes mit eigener Krafterzeugung weitgehend übereinstimmen, seien nachstehend kurz zusammengefaßt. Gleichzeitig seien auch die errechneten jährlichen Kapitaldienstkosten mit angegeben.

| Anlageteile | Anlagekosten in RM. je kW Kraftwerksleistung | Jährliche Kapitaldienstkosten | |
|---|---|---|---|
| | | in % der Anlagekosten | in RM. je kW Kraftwerksleistung |
| Kraftwerk . . . | 400,— | 12% | 48,— |
| Hochspannungs- netz einschl. Umspann-Werke | 200,— | 10% | 20,— |
| Niederspannungs- netz einschl. Transformatoren- stationen und Übergabeanlagen | 700,— | 12% | 84,— |

Wird die zwar unrichtige, aber früher stark verbreitete Ansicht berücksichtigt, daß ein elektrischer Herd von 3 bis 6 kW Anschlußwert auch bei Annahme eines gewissen Gleichzeitigkeitsfaktors besonders die Niederspannungsanlagen, aber auch die Hochspannungs- sowie Kraftwerksanlagen beträchtlich belastet, so machen die oben genannten Beträge die starken Bedenken verständlich, die früher von Elektrizitätswerken hinsichtlich der Möglichkeit der Einräumung konkurrenzfähiger, d. h. niedriger Kochstrompreise gehegt wurden.

### C. Belastungsverhältnisse beim elektrischen Kochen.

Vorausgeschickt sei, daß, ebenso wie im ersten Teil der Arbeit, sich auch die nachstehenden Untersuchungen auf Haushaltungen beziehen, in denen nicht Sparkochgeräte, sondern Plattenherde mit Bratöfen verwendet werden. Bei diesen Herden ist zu unterscheiden zwischen

Vollherden, die aus mehreren Platten und einem Brat- und Backofen mit einem Gesamtanschlußwert von etwa 5,5 bis 6 kW bestehen, und

Kleinherden, die aus 2 Platten mit einem Gesamtanschlußwert von 2 bis 3 kW, oder aus 2 Platten und einem Brat- und Backofen mit einem Gesamtanschlußwert von 3 bis 4 kW bestehen.

#### 1. Kochhöchstbelastungen.

##### a) *Einzelhaushalt.*

Im praktischen Haushaltbetrieb kommt es fast niemals vor, daß sämtliche Platten und der Brat- und Backofen gleichzeitig voll eingeschaltet sind; infolgedessen liegen die im Einzelhaushalt auftretenden

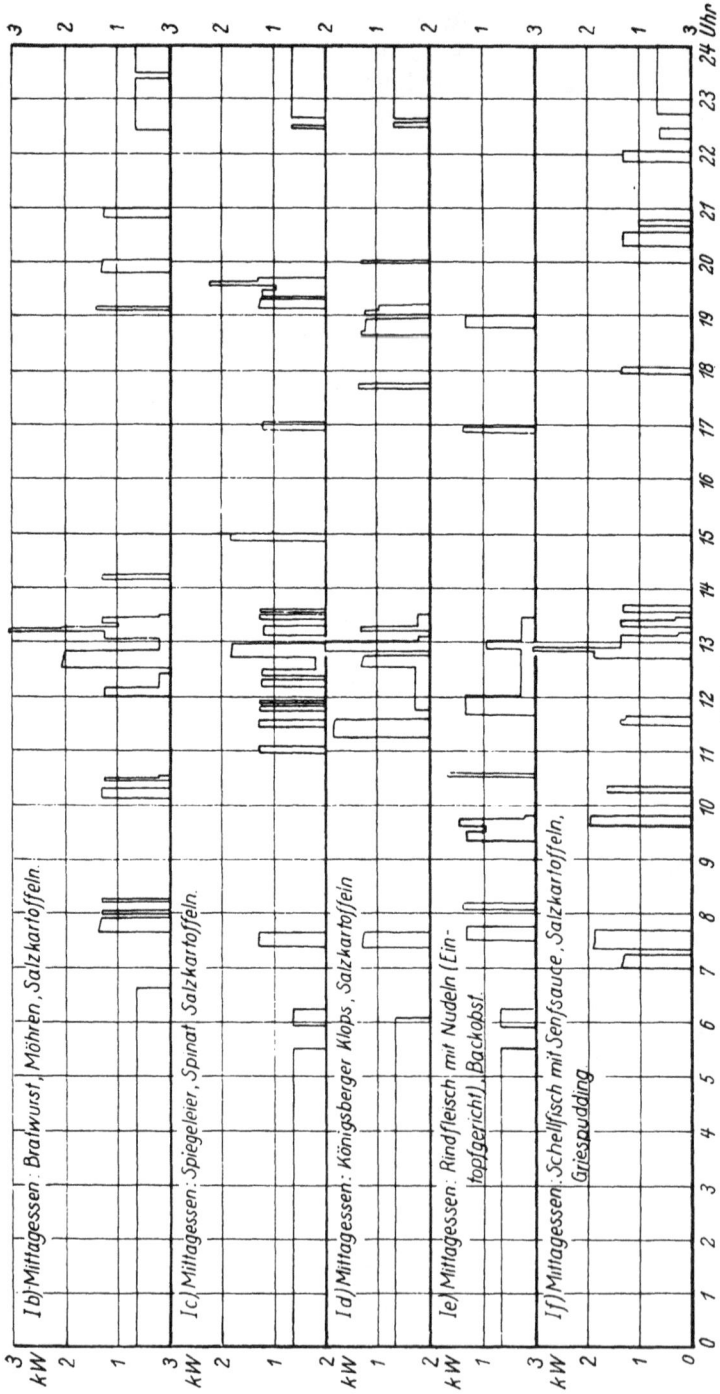

Ib) Mittagessen: Bratwurst, Möhren, Salzkartoffeln.

Ic) Mittagessen: Spiegeleier, Spinat Salzkartoffeln.

Id) Mittagessen: Königsberger Klops, Salzkartoffeln

Ie) Mittagessen: Rindfleisch mit Nudeln (Eintopfgericht), Backobst.

If) Mittagessen: Schellfisch mit Senfsauce, Salzkartoffeln, Griespudding

Abb. 9.

Tages-Kochbelastungskurven einschl. Heißwasserspeicher.

Höchstbelastungen wesentlich unter dem Gesamtanschlußwert des Herdes.

Bei Durchführung der praktischen Kochermittlungen im Haushalt des Verfassers wurde mit schreibenden Instrumenten der tägliche Kochbelastungsverlauf aufgezeichnet.

Auf Seite 74 sind zunächst einige sich auf je 24 Stunden erstreckende Belastungsdiagramme, in denen auch die Belastung durch Heißwasserspeicher enthalten ist, wiedergegeben.

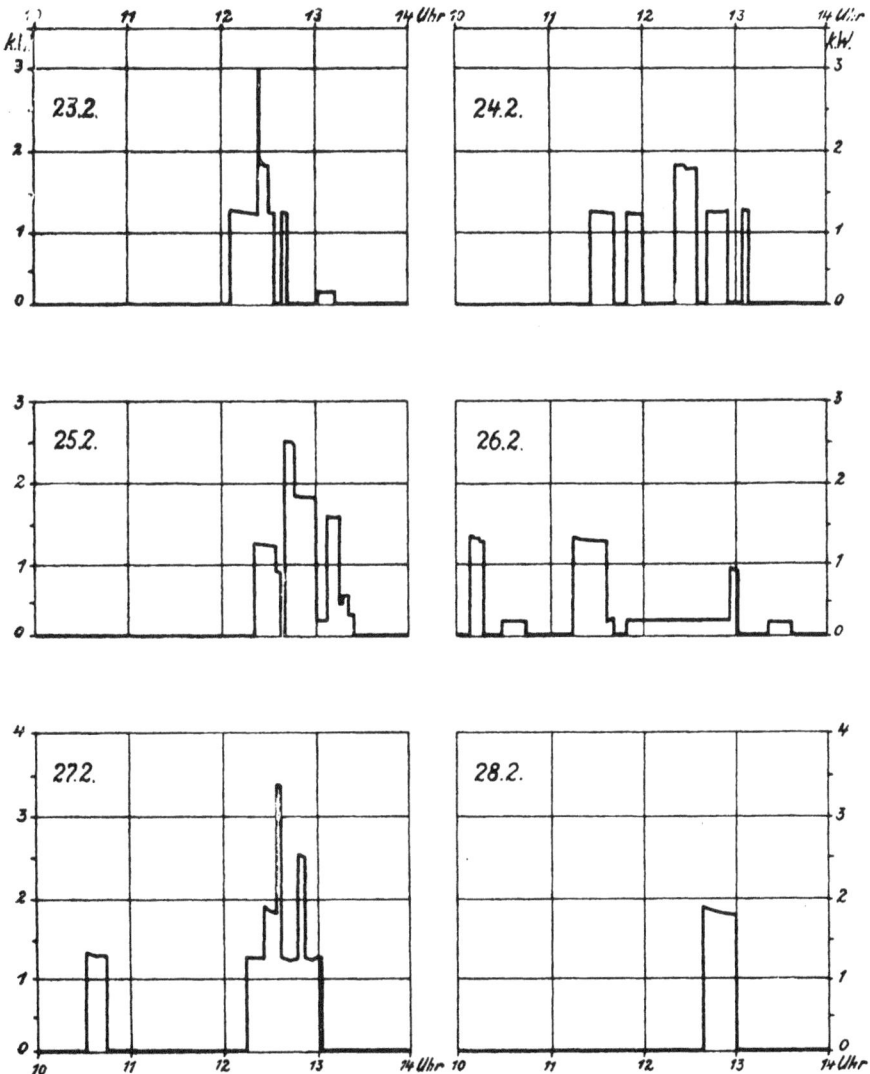

Abb. 10. Mittagessen-Kochbelastungs-Kurven,
3-Platten-Herd mit Brat- und Backofen, 5,7 kW Anschlußwert.

Für diejenigen Tage, an denen die im ersten Teil der Arbeit besprochenen Kochprotokolle aufgenommen wurden, sind in den Diagrammen auf Seite 75 bis 77 die in der Hauptkochzeit von 10 bis 14 Uhr aufgetretenen Kochbelastungen zusammengestellt. Verschiedene Tage, an denen ungenaue Leistungsmessungen vorgenommen wurden, sind weggelassen.

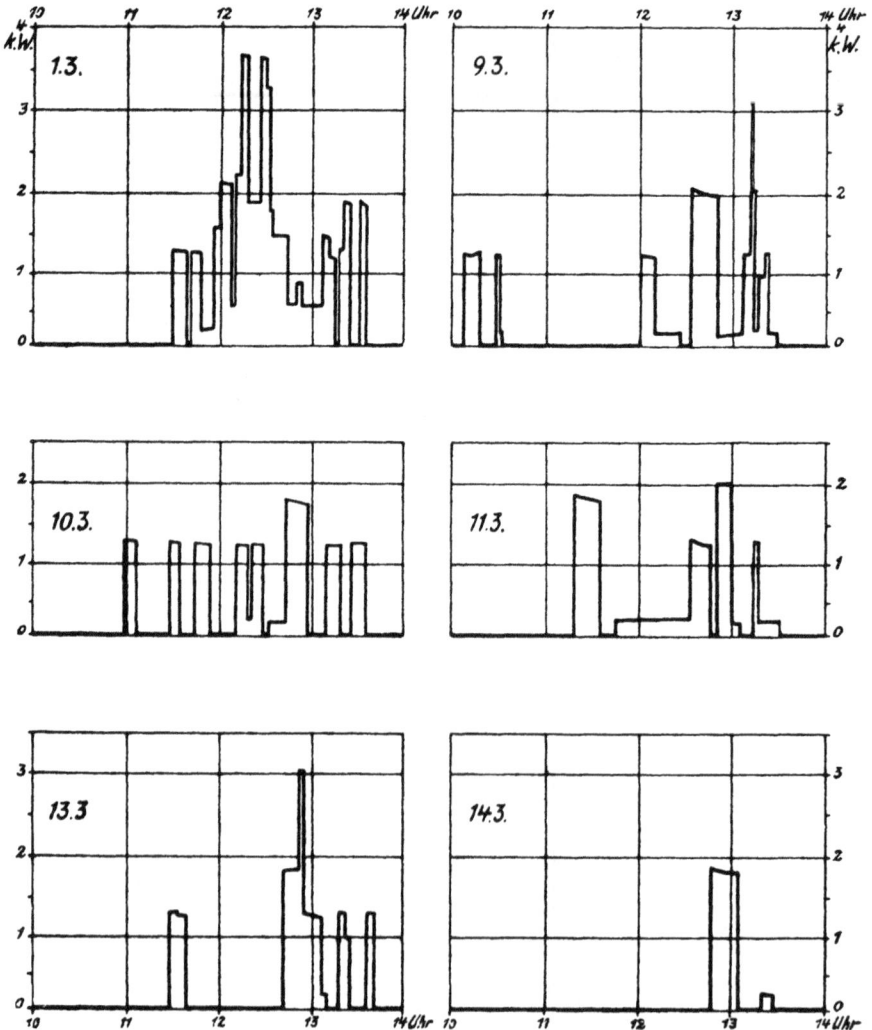

Abb. 11.

Mittagessen-Kochbelastungs-Kurven.

3-Platten-Herd mit Brat- und Backofen, 5,7 kW Anschlußwert.

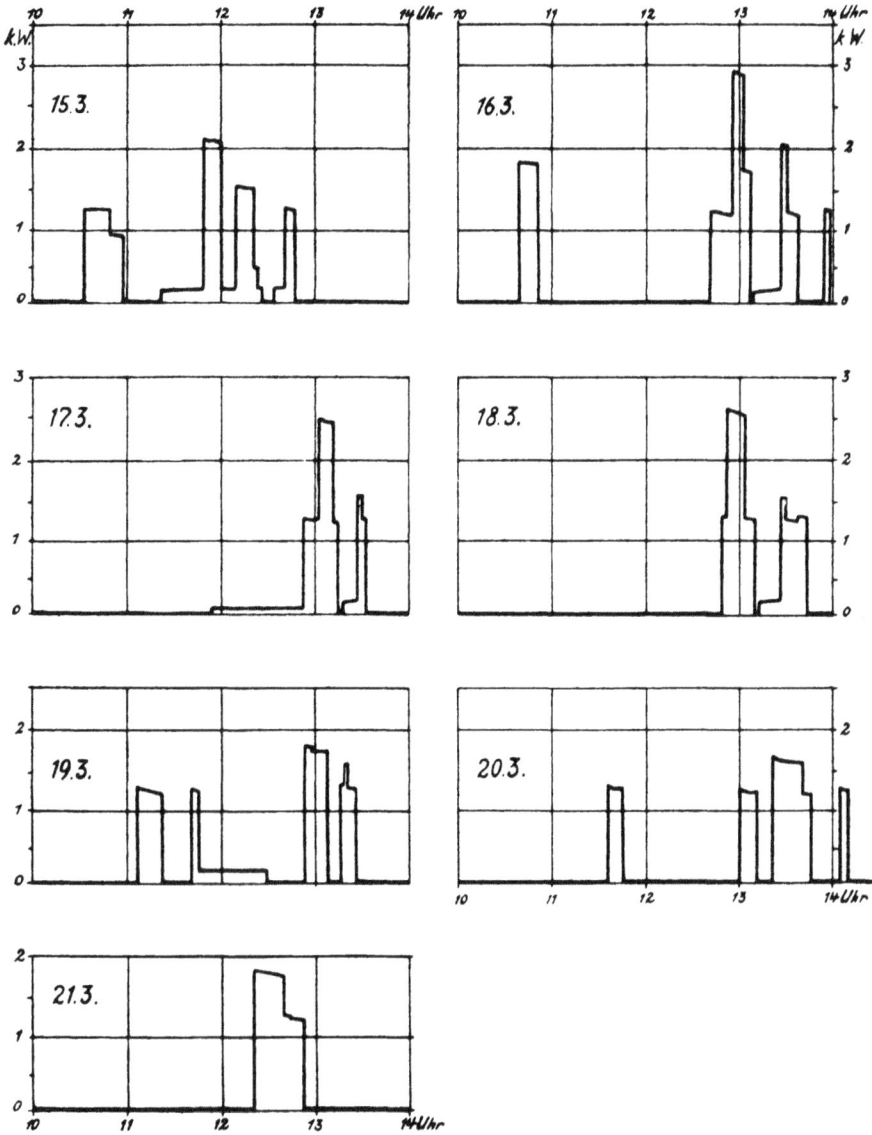

Abb. 12.
Mittagessen-Kochbelastungs-Kurven.
3-Platten-Herd mit Brat- und Backofen, 5,7 kW Anschlußwert.

Für die verschiedenen vorstehend wiedergegebenen Belastungsdiagramme sind in folgender Liste die Hauptwerte kurz zusammengefaßt.

| Tag | Gericht | Höchstbelastung in kW | Höchstbelastungs Dauer in Min. | Zeit |
|---|---|---|---|---|
| 23. 2. | Königsberger Klops, Salzkartoffeln . . . . . | 3,0 | 1 | $12^{24} - 12^{25}$ |
| 24. 2. | Spiegeleier, Spinat, Salzkartoffeln, Oetker-Pudding, Vanille-Sauce . . . . . . . . . . | 1,8 | 15 | $12^{21} - 12^{36}$ |
| 25. 2. | Leber, Möhren, Salzkartoffeln . . . . . . . | 2,5 | 6 | $12^{41} - 12^{47}$ |
| 26. 2. | Bouillonnudeln und Backobst . . . . . . . | 1,3 | 9 / 20 | $10^{10} - 10^{19}$ / $11^{14} - 11^{34}$ |
| 27. 2. | Gebrat. Schellfisch, Senfsauce, Salzkartoffeln und Grießpudding . . . . . . . . . . . | 3,4 | 3 | $12^{35} - 12^{38}$ |
| 28. 2. | Sahnequark und Salzkartoffeln . . . . . . | 1,8 | 22 | $12^{37} - 12^{59}$ |
| 1. 3. | Hasenläufchen, Rotkraut, Salzkartoffeln . . . | 3,6 | 5 / 4 | $12^{13} - 12^{18}$ / $12^{26} - 12^{30}$ |
| 9. 3. | Bratwurst, Möhren, Kart., Grießpudding . . . | 3,1 | 1 | $13^{13} - 13^{14}$ |
| 10. 3. | Eier, Spinat, Kartoffeln, Oetker-Pudding. . . | 1,8 | 14 | $12^{44} - 12^{58}$ |
| 11. 3. | Königsberger Klops, Salzkartoffeln . . . . . | 2,0 | 10 | $12^{50} - 13^{00}$ |
| 13. 3. | Gebrat. Schellfisch, Senfsauce, Salzkartoffeln, Grießpudding . . . . . . . . . . . . . | 3,0 | 3 | $12^{52} - 12^{55}$ |
| 14. 3. | Kartoffeln, Sahnequark. . . . . . . . . . | 1,8 | 17 | $12^{48} - 13^{05}$ |
| 15. 3. | Beafsteak, Rotkraut, Salzkartoffeln . . . . . | 2,1 | 13 | $11^{48} - 12^{01}$ |
| 16. 3. | Rauchfleisch, Blumenkohl, Salzkartoffeln, Ringäpfel . . . . . . . . . . . . . . . . | 2,9 | 7 | $12^{56} - 13^{03}$ |
| 17. 3. | Kalbskotelett, Salzkartoffeln . . . . . . . | 2,5 | 9 | $13^{03} - 13^{12}$ |
| 18. 3. | Spiegeleier, Spinat, Salzkartoffeln . . . . . | 2,6 | 11 | $12^{52} - 13^{03}$ |
| 19. 3, | Lungenhaschee, Salzkartoffeln . . . . . . . | 1,8 | 16 | $12^{54} - 13^{10}$ |
| 20. 3. | Gedünst. Schellfisch, Senfsauce, Kartoffeln, Schokoladenpudding . . . . . . . . . . | 1,6 | 19 | $13^{20} - 13^{39}$ |
| 21. 3. | Hering, Büchsenbohnen, Pellkartoffeln . . . . | 1,8 | 18 | $12^{22} - 12^{40}$ |

Die Kochhöchstbelastungen in dem mit einem Vollherd von 5,7 kW Anschlußwert ausgestatteten Haushalt des Verfassers betrugen somit:

an 8 Tagen 1,3 bis 1,8 kW,
» 6 » 2,0 » 2,9 »
» 4 » 3,0 » 3,4 » und
» 1 Tag 3,6 kW.

Auch während der übrigen, monatelang durchgeführten Aufzeichnungen traten entsprechende Belastungsverhältnisse auf. Die höchsten Belastungen betrugen meistens weniger als 3,0 kW und erreichten durchschnittlich nur an jedem vierten Tag einen höheren Wert. An einem einzigen Tag wurde auch eine Belastung von 4,2 kW gemessen.

Dieses Ergebnis stimmt gut überein mit den von der Vereinigung der Elektrizitätswerke Berlin ermittelten Werten[1]), wonach die Belastungsspitzen im Einzelhaushalt bei Vollherden 50 bis 60% des Anschlußwertes betragen. Für Kleinherde wird von der genannten Stelle als durchschnittliche Belastungsspitze 60 bis 70% des Anschlußwertes angegeben.

[1]) Sonderheft »Elektrowärme« S. 41.

### b) Haushaltgruppen.

Wird eine Gruppe von Haushaltungen mit Kochstrom beliefert, so liegt der auf den einzelnen Haushalt entfallende Anteil an der Gesamtkochbelastung des Speisepunkts ganz erheblich unter den im Einzelhaushalt auftretenden Kochhöchstbelastungen. Dies ist vor allem darin begründet, daß in den einzelnen Haushaltungen die Kochhöchstbelastungen nicht zur gleichen Zeit auftreten und daß die Speisen verschieden lange Zubereitungszeiten erfordern. Als Beispiel hierfür diene die in Abb. 13 wiedergegebene Kurve 1), die die Überlagerung der Kochbelastung sechs verschiedener Speisefolgen zeigt.

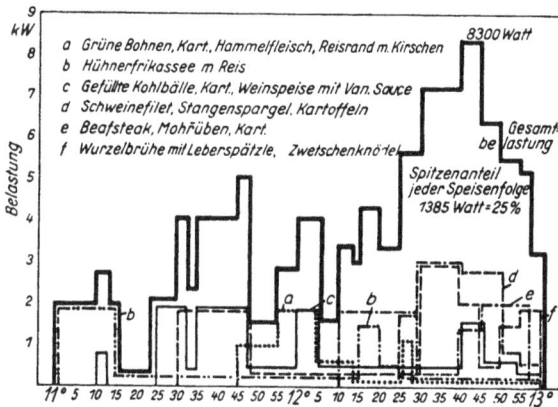

Abb. 13.
Überlagerung der Kochbelastung verschiedener Speisefolgen
zur Ermittlung des Gruppenlastanteils.
(3-Plattenherd und Bratofen, 5,6 kW Anschlußwert, 5-Personen-Haushalt).

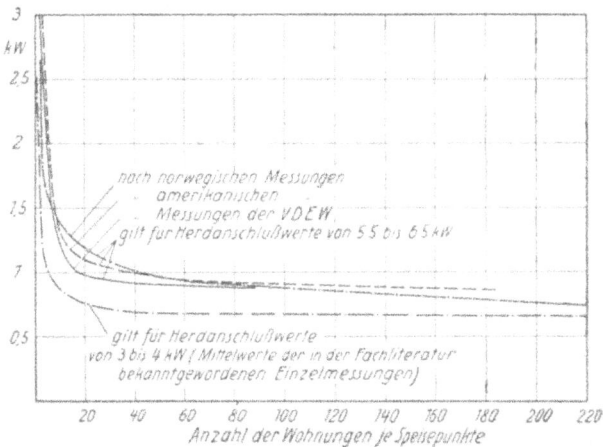

Abb. 14.
Höchstlastanteil von Haushaltungen mit elektrischen Küchen
in Abhängigkeit von der Größe der Abnehmergruppe.

Die Abhängigkeit des Belastungsanteils des Einzelhaushalts von der Größe der Abnehmergruppe geht aus den Kurven[1]) der Abb. 14 hervor.

Die Kurven zeigen, daß der Höchstlastanteil je Haushalt um so kleiner wird, je größer die Haushaltgruppen sind. Hieraus ergibt sich, daß die Elektrizitätswerke im allgemeinen dahin streben müssen, von einem Speisepunkt aus eine möglichst große Zahl elektrisch kochender Haushaltungen zu beliefern, während sie an vereinzelt installierten elektrischen Herden weitaus weniger Interesse haben dürften.

**2. Zeitlicher Verlauf der Kochbelastungen von Haushaltgruppen und Auswirkung auf die Anlagen der Elektrizitätswerke.**

Die hier vorliegenden Verhältnisse dürften zur Zeit durch Untersuchungen von Kittler[2]), Laufer[3]), Mörtzsch[4]), Schönberg[5]), Wüger[6]), ferner des Kochkomitees der National Electric Light Association[7]) u. a. m. im Prinzip als geklärt zu betrachten sein. So ist in der Vorrede zu einem Aufsatz in der Festschrift[8]) zur Hauptversammlung der Vereinigung der Elektrizitätswerke 1931 ausgeführt:

»Die Forschungsergebnisse der beteiligten Elektrizitätswerke und Industriefirmen sind in der »Elektrizitätswirtschaft« so ausführlich erörtert, daß es heute schon als schwierig gelten darf, grundsätzlich Neues in den großen Zusammenhängen zwischen Elektrizitätswirtschaft und Elektrowärmeversorgung des Haushalts niederzulegen. Nachdem durch Arbeiten von Schönberg, Kittler, Mörtzsch und anderen Verfassern über die grundsätzlichen Zusammenhänge auch für deutsche Verhältnisse ein vollständiger Überblick bereits geschaffen ist. . . .«

Die Ausführungen des vorliegenden Abschnittes C 2 bestehen infolgedessen vorwiegend in einer Wiedergabe der bisherigen Forschungsergebnisse.

*a) Zeitlicher Verlauf der Kochbelastungen von Haushaltgruppen.*

In den Belastungskurven elektrisch kochender Haushaltungsgruppen treten im allgemeinen entsprechend den hauptsächlichen Kochzeiten drei ausgesprochene Belastungsspitzen auf. Eine Morgenspitze

[1]) Sonderheft »Elektrowärme« S. 42.
[2]) Sonderheft »Elektrowärme« S. 62 ff.
[3]) Siehe Literaturverzeichnis Abs. IV.
[4]) Sonderheft »Elektrowärme« S. 39 ff. sowie »Elektrotechnische Zeitschrift« 1931, Heft 30, S. 961 ff.
[5]) »Elektrotechnische Zeitschrift« 1928, Heft 9, S. 327 und 1929, Heft 47, S. 1689 und »Elektrizitätswirtschaft« 1930, Nr. 516.
[6]) Siehe Literaturverzeichnis Abs. IV.
[7]) Siehe Literaturverzeichnis Abs. III.
[8]) »Elektrizitätswirtschaft« 1931, Heft 12, S. 339.

wird durch die Frühstücksbereitung bedingt, die zweite, meist in der Mittagszeit, wird durch die Zubereitung des Hauptessens und die Abendspitze durch das Abendessen hervorgerufen. Einige charakteristische Diagramme sind nachstehend wiedergegeben.

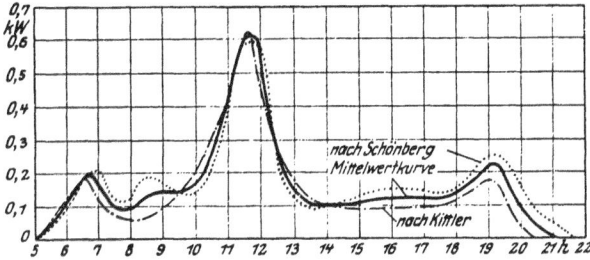

Abb. 15.
Verlauf der Kochbelastung von Kleinherden in ländlichen Gebieten[1]
(nach Schönberg und Kittler).

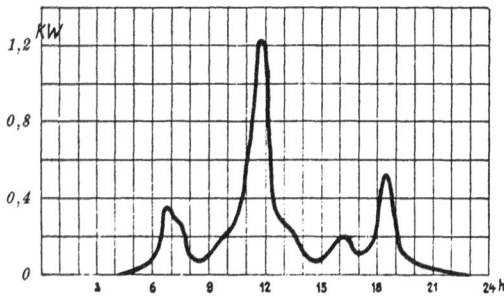

Abb. 16.
Verlauf der Kochbelastung von Vollherden[2] (nach Wüger).

Die beiden Belastungskurven entsprechen einander in ihrem grundsätzlichen Verlauf. In der Höhe der auftretenden Belastungen bestehen dagegen sehr erhebliche Unterschiede, auf die weiter unten noch näher einzugehen sein wird.

Hinsichtlich des typischen Verlaufs von Kochbelastungskurven ist zwischen den Haushaltungen, in denen das Hauptessen mittags und solchen, in denen es erst am späten Nachmittag oder abends eingenommen wird, ein Unterschied zu machen. Der letztere Fall tritt besonders in Großstädten bei durchgehender Arbeitszeit ein und hat eine erhöhte Nachmittagskochbelastung zur Folge.

*b) Auswirkung auf die Anlagen der Elektrizitätswerke.*

Um den Einfluß des elektrischen Kochens auf die Belastungsverhältnisse der Anlagen zu ermitteln, muß zunächst Klarheit sowohl

---

[1] Sonderheft »Elektrowärme« S. 43.
[2] Nach Wüger, »Die elektrische Küche« S. 8.

über die auftretenden Kochbelastungskurven als auch über den bisherigen Verlauf der Belastung der verschiedenen Hauptanlageteile bestehen. Erst dann können dadurch, daß die Kochlastkurven den jeweiligen bisherigen Anlagenbelastungen überlagert werden, die durch das Kochen bedingten Belastungserhöhungen ermittelt werden, die nach den obigen Ausführungen ausschlaggebend für die Höhe der zu berechnenden Grundgebühr, bzw. bei Berechnung von Einheitspreisen, für die Höhe des festen Anteils des Kilowattstundenpreises sind.

Die Überlagerung der jeweils in Betracht kommenden Kochbelastungskurve ist für die einzelnen Hauptanlageteile der Elektrizitätswerke, also

> Kraftwerk,
> Hochspannungsnetz,
> Niederspannungsnetz,
> Übergabeanlagen,

je für sich vorzunehmen.

Einschlägige Untersuchungen sind besonders für die Kraftwerksanlagen in größerem Umfange durchgeführt worden. Da die Belastungskurven der Kraftwerke je nach dem belieferten Gebiet sehr verschieden sind, ist mit gutem Erfolg versucht worden, typische Belastungskurven zu finden. Mörtzsch unterscheidet zwischen Werken mit vorwiegend

> ländlichem  
> gewerblichem $\left.\right\}$ Versorgungsgebiet,  
> großstädtischem

während Schönberg zwischen Werken mit

> überwiegender Lichtstromverteilung,
> vorwiegender Kraftverteilung
> und Licht-Kraftwerk

unterscheidet.

### α) Kraftwerk.

Durch verschiedene eingehende Untersuchungen ist in grundsätzlicher Übereinstimmung nachgewiesen worden, daß im allgemeinen die Mittags-Kochhöchstbelastung in Werksbelastungstäler fällt, und daß die Werksmaximalbelastung zunächst nur durch die verhältnismäßig niedrige zeitgleiche Kochbelastung erhöht wird. Erst bei einer weiteren Verbreitung des elektrischen Kochens wird die aus bisheriger Werkslast und zusätzlicher Kochlast kombinierte Gesamtlast in der Mittagszeit höher als zu der bisherigen Höchstbelastungszeit. Es tritt dann eine Verschiebung der Höchstlast von der Nachmittags- auf die Mittagszeit ein, und jeder weitere Kochstromabnehmer bringt eine Erhöhung der Werkshöchstlast um die verhältnismäßig hohe Mittagskochlast, wie die folgenden Diagramme zeigen.

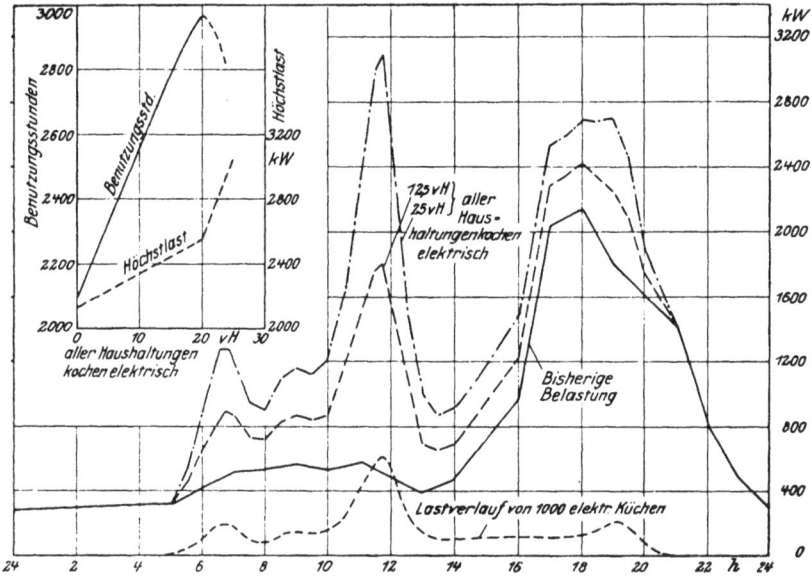

Abb. 17.

Änderung der (Winter-)Lastverhältnisse sowie Zunahme der Benutzungsstunden und der Höchstlast bei verschieden starker Verbreitung des elektrischen Kochens in ländlichen Kleinstädten (Verhältnisse in einem ostdeutschen Überlandwerk).

Zu den vorstehenden Belastungskurven[1]) ist links oben ein Benutzungsdiagramm gezeichnet, nach dem sich ergibt, daß in dem untersuchten Falle die günstigsten Belastungsverhältnisse erreicht werden, wenn 20% aller Haushaltungen des betreffenden Versorgungsgebietes elektrisch kochen. In den weiteren Darlegungen soll der Grad der Verbreitung des elektrischen Kochens, bei dem die Benutzungsstundenzahl ihren Höchstwert erreicht, als optimaler Anschlußprozentsatz bezeichnet werden.

Unübersichtlicher liegen die Verhältnisse bei Versorgungsgebieten mit durchgehender Arbeitszeit; doch ist auch hier mit einer Verbesserung der Werksbenutzungsdauer durch das elektrische Kochen zu rechnen.

Zusammenfassend kann gesagt werden, daß bei Einführung des elektrischen Kochens zunächst nur mit einer geringfügigen Erhöhung der Werkshöchstlast zu rechnen ist, was sich für die Kalkulation der Kochstrompreise günstig auswirkt.

### β) Hochspannungsnetz.

Für Hochspannungsanlagen können evtl. einigermaßen ähnliche Auswirkungen angenommen werden. Die Verhältnisse sind hier aber zur Zeit noch ziemlich ungeklärt.

---

[1]) Sonderheft »Elektrowärme« S. 44.

### γ) Niederspannungsnetz und Übergabeanlagen.

Bei Niederspannungsverteilungsnetzen ist ein grundsätzlicher Unterschied zwischen Geschäftsvierteln und reinen Wohngebieten und ferner zwischen bereits bewohnten, in der üblichen Weise mit elektrischen Installationen ausgestatteten Vierteln und Neubauwohnvierteln zu machen.

Für Wohngebiete sind die Verhältnisse besonders durch Mörtzsch untersucht worden, wobei sich, wie aus dem nachstehenden Diagramm[1]) hervorgeht, bei bereits bestehenden Wohnvierteln eine ähnliche Auswirkung wie bei den Kraftwerksanlagen ergibt. Der Unterschied besteht aber darin, daß die besonders lichtbedingte bisherige Belastung des Niederspannungsnetzes im Winter zwischen 16 und 20 Uhr ihren höchsten Wert erreicht, und daß daher die Höchstbelastung durch die allerdings verhältnismäßig geringe Abendkochspitze erhöht wird.

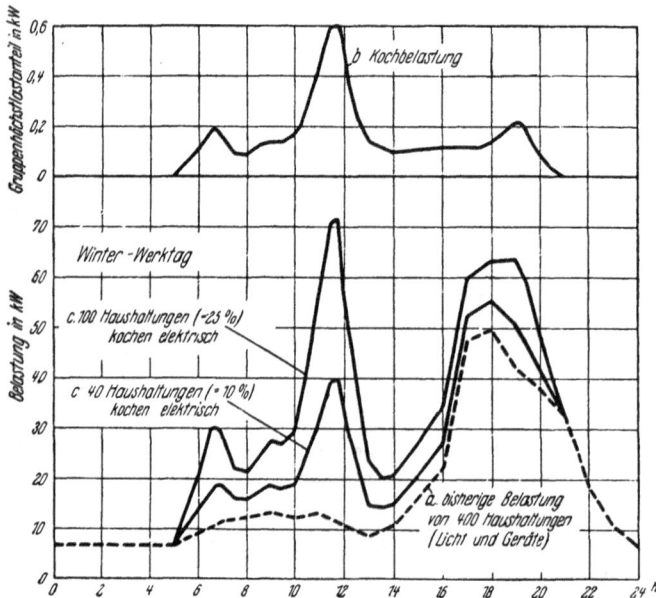

Abb. 18.
Änderung der Lastverhältnisse eines Wohnhausviertels bei verschiedener Verbreitung des elektrischen Kochens.

Auch hier ist ein optimaler Anschlußprozentsatz festzustellen, nach dessen Überschreiten die Belastungserhöhung durch die Mittagskochlast bedingt wird.

Bei Neubauvierteln dagegen muß für die elektrische Anlage, sofern alle, bzw. die Mehrzahl der Wohnungen mit elektrischen Küchen ausgestattet werden, für die Lasterhöhung von vornherein die Mittagskochbelastung berücksichtigt werden.

---

[1]) »Elektrotechnische Zeitschrift« 1931, Heft 30, S. 962.

Bei der Übergabeanlage ist das erforderliche Leistungsausmaß von der Zahl der in einem Haus installierten elektrischen Herde abhängig, wofür das nachstehende Diagramm[1]) charakteristisch ist.

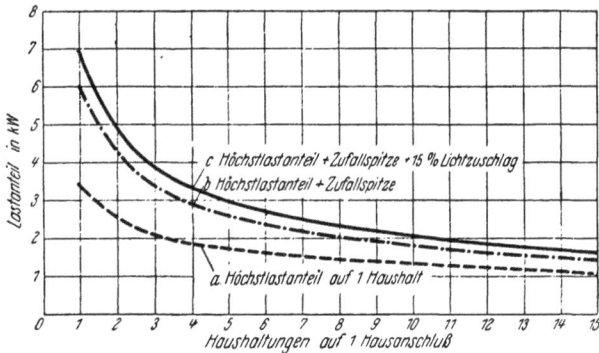

Abb. 19.
Abhängigkeit des Lastanteils von der Anzahl der Haushaltungen an 1 Hausanschluß.

### 3. Höhe der Kochbelastungen.

In der Liste auf S. 87 sind aus den hauptsächlichen in der Fachliteratur veröffentlichten und einigen vom Verfasser bei Schweizer Werken eingeholten Kochbelastungskurven die Morgen-, Mittag-, Nachmittag- und Abendkochbelastungen je Einzelhaushalt zusammengestellt und nach Klein- und Vollherden getrennt. Gleichzeitig sind, soweit sie zu ermitteln waren, nähere Angaben über Vorhandensein von Heißwasserspeichern oder Warmwasserversorgungen, über Anschlußwert der Herde, Zahl der erfaßten Haushaltungen und ferner über Jahreszeit und Tag der Messungen gemacht, da diese Faktoren die Höhe der jeweils gemessenen Kochbelastungen wesentlich beeinflussen.

Nachstehend ist angegeben, aus welchen Quellen die in der Liste angeführten Werte stammen:

A. Nr. 1. Sonderheft Elektrowärme, S. 68.
 » 2. Elektrizitätswirtschaft 1930, Nr. 516.
 » 3. Sonderheft Elektrowärme, S. 91.
 » 4. Sonderheft Fortschritte in der Elektrifizierung des Haushalts, S. 79.

B. Nr. 1. Sonderheft Elektrowärme, S. 50.
 » 2. Desgl., S. 83.
 » 3. NELA-Report, 1925—26, S. 1.
 » 4. Desgl., S. 1.
 » 5. Diagramm Nr. 2781 der VDEW.
 » 6. Wüger, Die elektrische Küche, S. 12/14.

---

[1]) »Elektrotechnische Zeitschrift« 1931, Heft 30, S. 963.

Nr. 7. Desgl., S. 13/14.
 » 8. Sonderheft Elektrowärme, S. 56.
 » 9. Vom Verfasser bei Schweizer Überlandwerken eingeholt.
 » 10. Desgl.

Die in der Tabelle auf Seite 87 angegebenen Werte weisen zum Teil sehr erhebliche Unterschiede auf.

Bei den Kleinherden sind die Abweichungen nicht so groß wie bei den Vollherden. Die Werte schwanken aber doch morgens zwischen 140 und 240 Watt, mittags zwischen 500 und 700 Watt, nachmittags zwischen 60 und 150 Watt und abends zwischen 140 und 260 Watt.

In der Gruppe der Vollherde müssen die unter 1a bis 2c aufgeführten deutschen Werte, da es sich hier um großstädtische Siedlungen mit durchgehender Arbeitszeit handelt, getrennt von den unter 3 und 4 aufgeführten amerikanischen und den unter 5 bis 10c angegebenen Schweizer Werken betrachtet werden.

Die in der Schweiz gefundenen Kochbelastungen stimmen in der Mittagszeit einigermaßen unter sich überein. Dies ist kein bloßer Zufall, was bei der geringen Zahl der in der Literatur veröffentlichten exakten Angaben möglich wäre, sondern die Werte scheinen für Schweizer Verhältnisse in gewissem Umfange verallgemeinerungsfähig zu sein. So wurde dem Verfasser von zahlreichen, in der Kochstromlieferung besonders erfahrenen Schweizer Elektrizitätswerken übereinstimmend versichert, daß in der Mittagszeit der Gruppenkochlastanteil des Einzelhaushaltes rd. 1 kW beträgt. Hierbei ist vorausgesetzt, daß das Hauptessen in der Mittagszeit eingenommen wird.

Eine Übertragung der Schweizer Werte auf die in Deutschland unter entsprechenden Voraussetzungen zu erwartenden Kochbelastungen dürfte nicht angängig sein, da im allgemeinen zwischen der Schweizer und der deutschen durchschnittlichen Lebenshaltung nicht unbeträchtliche Unterschiede bestehen. So wird mittags in Deutschland meist nur ein Hauptgericht gegessen, während in der Schweiz häufig noch Vorspeise oder Nachtisch hinzukommen.

Die für Vollherde bekannt gewordenen deutschen Werte, die in der Tabelle unter B. 1a bis 2c angegeben sind, beziehen sich auf Neubausiedlungen in Großstädten. Die Haushaltvorstände beider Siedlungen haben durchgehende Arbeitszeit und nehmen das Hauptessen im Fall 1 außerhalb der Wohnung und im Fall 2 vorwiegend nachmittags zu Hause ein. Es liegen hier somit besondere Verhältnisse vor, die keineswegs auf den hauptsächlich in Deutschland vorkommenden Fall, daß das Hauptessen mittags von der ganzen Familie eingenommen wird, übertragen werden können.

Zur Klärung der erheblichen Kochbelastungsunterschiede ist es notwendig, die jeweilige Ermittlungsmethode und ferner die Verschiedenartigkeit der jeweils vorliegenden besonderen Verhältnisse zu untersuchen.

## Zusammenstellung von Gruppen-Kochlastanteilen je Haushalt.

| Lfd. Nr. | Ort | Heißwasserspeicher oder Warmwasserversorgung | Herdanschlußwert in kW | Zahl der Haushaltungen | Jahreszeit[1] | Tag[2] | Gruppen-Kochlastanteil[3] je Haushalt in Watt | | | | | | | |
|---|---|---|---|---|---|---|---|---|---|---|---|---|---|---|
| | | | | | | | $6\text{–}8^{30}$ Uhr | | $11\text{–}13$ Uhr | | $16\text{–}17$ Uhr | | $18\text{–}19$ Uhr | |
| | | | | | | | Zeit | Watt | Zeit | Watt | Zeit | Watt | Zeit | Watt |
| **A. Kleinherde.** | | | | | | | | | | | | | | |
| 1 | Württembergisches Dorf | — | 4,1 | 23 | So | | $6^{30}$ | 180 | $11^{40}$ | 610 | $16^{30}$ | 60 | $18^{40}$ | 180 |
| 2a | Schweinfurt/Schwandorf | Heißw.-Sp. | 3÷4 | umgerechnet auf 1000 | So | | $7^{00}$ | 230 | $11^{55}$ | 600 | $16^{00}$ | 140 | $19^{00}$ | 200 |
| 2b | " " | " " | 3÷4 | | Wi | | $7^{10}$ | 240 | $11^{55}$ | 500 | $17^{00}$ | 150 | $19^{10}$ | 260 |
| 3 | Stavanger (Norwegen) | ? | | 217 | Wi | | | | | 700 | | | | 200 |
| 4 | Brandenburg. Kleinstadt | ? | 2,75 | 100 | | | $6^{40}$ | 140 | $12^{20}$ | 650 | $16^{30}$ | 150 | $19^{00}$ | 140 |
| **B. Vollherde.** | | | | | | | | | | | | | | |
| 1a | Berlin-Siemensstadt | Warm-Vers. | 6,6 | 90 | Wi | wo. | $7^{30}$ | 230 | $12^{00}$ | 520 | $17^{00}$ | 180 | $19^{15}$ | 340 |
| 1b | " | " | 6,6 | 90 | Wi | Sbd. | $7^{10}$ | 190 | $12^{50}$ | 720 | $16^{30}$ | 110 | $18^{30}$ | 410 |
| 1c | " | " | 6,6 | 90 | Wi | Stg. | $8^{30}$ | 240 | $12^{05}$ | 800 | $16^{45}$ | 80 | $19^{30}$ | 270 |
| 2a | Frankfurt/M.-Römerstadt | Heißw.-Sp. | 5,5 | 1180 | Wi | wo. | $7^{00}$ | 350 | $12^{30}$ | 380 | $17^{00}$ | 340 | $19^{00}$ | 560 |
| 2b | " | " | 5,5 | 1180 | Wi | | | | | 500 | | 250 | | |
| 2c | " | " | 5,5 | 1180 | Wi | Stg. | | | | 700 | | | | |
| 3 | Spokane USA. | ? | 7,1 | 150 | So | | | | | 860 | | | | |
| 4 | Payette USA. | ? | 5,7 | 150 | So | | $7^{20}$ | 380 G | | 860 | | | | |
| 5 | Zürich | Heißw.-Sp. | 6,2 | | So | wo. | $8^{15}$ | 560 G | $12^{00}$ | 1010 G | $17^{00}$ | 160 G | $19^{00}$ | 690 G |
| 6 | Vorort Zürich | ? | 4,7 | 86 | So | wo. | $6^{50}$ | 280 G | $12^{00}$ | 1160 | | | | |
| 7a | Schweizer Bauerndorf | ? | 4,8 | 54 | So | | $8^{30}$ | 400 G | $11^{40}$ | 1150 | $16^{30}$ | 140 G | $18^{45}$ | 490 G |
| 7b | " " | ? | 4,8 | 54 | | | | | $11^{45}$ | 1070 | $17^{00}$ | 190 G | $18^{40}$ | 510 G |
| 7c | " Landgemeinde | ? | 4,8 | 54 | | | | | $11^{50}$ | 1060 | $16^{10}$ | 190 G | $18^{30}$ | 250 G |
| 8a | " " | Heißw.-Sp. | 4,2 | 95 | Wi | | $6^{20}$ | 370 G | $11^{20}$ | 1100 | | | | |
| 8b | " " | " | 4,2 | 95 | Wi | | $6^{10}$ | 560 G | $11^{30}$ | 1200 | | | | |
| 9 | Kleinstadt | Heißw.-Sp. | 6,3 | 70 | Wi | | $6^{00}$ | 530 G | $12^{00}$ | 840 | $17^{00}$ | 160 G | $18^{10}$ | 550 G |
| 10a | " " | Heißw.-Sp. | 6÷7 | 75 | Wi | | $8^{20}$ | 750 G | $11^{20}$ | 1025 G | $17^{00}$ | 250 G | $18^{40}$ | 710 G |
| 10b | " " | " " | 6÷7 | 75 | Wi | | | | $12^{00}$ | 750 G | $16^{40}$ | 290 G | $18^{40}$ | 690 G |
| 10c | " " | " " | 6÷7 | 75 | Wi | | | | $11^{00}$ | 910 G | $16^{00}$ | 180 G | $18^{40}$ | 750 G |

[1] So = Sommer, Wi = Winter.
[2] wo. = wochentags (Montag bis Freitag), Sbd. = Sonnabend, Stg. = Sonntag.
[3] G = (Gesamtbelastung von Herd, Lampen und elektrischen Haushaltgeräten.

*a) Ermittlungsmethoden.*

Die Gewinnung reiner Kochstrombelastungskurven ist nur indirekt möglich. Um Haushaltgruppen zu erfassen, müssen die Messungen an einem zentralen Speisepunkt, also an der Niederspannungstransformatorenstation, vorgenommen werden. Die hier gemessenen Belastungen enthalten aber selbst in Wohnvierteln ohne Gewerbe außer der Kochbelastung auch Belastungen für Beleuchtung und elektrische Haushaltgeräte. Um die reine Kochbelastung aus der Gesamtbelastung herauszuschälen, wird dann meistens in einer ähnlichen Haushaltgruppe, die elektrischen Strom nur für Licht und Geräte, dagegen nicht für Kochzwecke bezieht, eine Belastungskurve aufgenommen und diese von der Gesamtbelastungskurve der elektrisch kochenden Haushaltungen abgesetzt. Diese Methode birgt zwar nicht unerhebliche Fehlerquellen in sich, doch muß von ihr, um überhaupt zu gewissen Ergebnissen zu kommen, meistens Gebrauch gemacht werden. In Niederspannungsnetzen, an die auch gewerbliche und landwirtschaftliche Betriebe angeschlossen sind, ist die Ermittlung von Kochbelastungskurven noch weitaus schwieriger und ungenauer.

Nachstehend soll zu den Methoden kritisch Stellung genommen werden, auf Grund deren die in der Tabelle unter A 2 und A 1 genannten Werte gewonnen wurden, die in der Fachliteratur besonders bekannt geworden sind und auf die auch Mörtzsch vorwiegend seine Untersuchungen abstellt.

Landesbaurat Schönberg, München, ermittelte die unter A 2 angegebenen Belastungen, die nach seinen eigenen Worten »umgezeichnete« Werte darstellen. Schönberg erfaßte, wie der Verfasser durch persönliche Rücksprache feststellte, in verhältnismäßig kleinen elektrisch kochenden Siedlungen an verschiedenen Tagen die Kochbelastungskurven, überlagerte dann diese Kurven einander und nahm an, daß die beispielsweise durch Zusammenfassung von 4 Einzelkurven gewonnene Gesamtkurve dem Belastungsverlauf einer viermal so großen Haushaltgruppe entspräche. Schließlich nahm er noch weitere, wahrscheinlich entsprechende Umzeichnungen für 1000 Haushaltungen vor. Diese Umrechnungsmethode birgt sicherlich erhebliche Fehlerquellen in sich, da die zwischen den einzelnen Tagen bestehenden Belastungsunterschiede (Freitag oder Sonnabend als Tage für Baden und Reinemachen) durch Zusammenfassen mit den Belastungskurven anderer Tage verwischt werden.

Obering. Kittler, Eßlingen a. N., ermittelte die unter A 1 angegebenen Kochbelastungen in der Weise, daß er Messungen in einem Versorgungsgebiet vornahm, in dem außer 23 Herden unter anderem auch Elektromotore in beachtlichem Umfange angeschlossen sind. Infolgedessen war er dazu gezwungen, von der Gesamtbelastungskurve »hin-

reichend bekannte ländliche Ortsnetzlinien« abzusetzen. Wenn auch
Kittler außerdem noch »die abgerechneten Kraft-kWh« berücksichtigt,
so sind doch bei dieser Methode erhebliche Fehler möglich, zumal in den
speziellen Fällen die abgesetzten Belastungen im Verhältnis zur ver-
bleibenden Kochbelastung recht erheblich sind.

Somit dürften sich vielleicht die beim Vergleich der aufgeführten
Kochbelastungen gefundenen Unterschiede zum Teil aus der Ungenauig-
keit der Ermittlungsmethoden erklären.

### b) *Abhängigkeit der Kochbelastungen.*

Zu berücksichtigen ist, daß der Kochlastanteil des Einzelhaushaltes
von sehr vielen Faktoren beeinflußt wird, und zwar insbesondere durch:

Anschlußwert der Herde,
Größe der Haushaltgruppen,
Mitbenutzung von Heißwasserspeichern bzw. Warmwasserversor-
gungsanlagen,
Jahreszeit,
Wochentag oder Festtag,
Mitbenutzung von Kohlenherden,
wirtschaftliche Verhältnisse,
Eß- und Lebensweise.

Aus der Mannigfaltigkeit dieser beeinflussenden Umstände ergibt
sich allein schon, daß verallgemeinerungs- und übertragungsfähige Angaben nur auf Grund eines sehr reichen Untersuchungsmaterials gewonnen
werden können. Dieses notwendige Material steht aber heute noch nicht
zur Verfügung. Der Verfasser hat daher auch davon abgesehen, die in
der Liste angegebenen Belastungen nach den vorstehenden Gesichtspunkten zu ordnen, da für die einzelnen Untergruppen so wenig Bei-
spielswerte herangezogen werden können, daß ihnen nur eine sehr
geringe Allgemeinbedeutung zugesprochen werden könnte.

Dipl.-Ing. Mörtzsch versucht in seiner schon mehrfach angezogenen
Arbeit[1]) über »Die Belastungsverhältnisse beim elektrischen Kochen«
den Einfluß der Herdanschlußwerte, der Größe der Haushaltgruppen
und von Wochentag oder Festtag zu umreißen. So gibt er als Richtwerte
an, daß bei größeren Haushaltgruppen die Mittagskochbelastung werk-
tags etwa 600 Watt, Sonntags dagegen infolge der reicheren Speisenfolge
bei Kleinherden rd. 700 Watt, bei Vollherden 900 Watt beträgt. Schönberg weist in seinem Aufsatz[2]) »Die elektrische Küche« darauf hin, daß
der Stromverbrauch während der Wintermonate in den Küchen, die zur
Raumwärmung Kohleöfen verwenden, um etwa 20% zurückgeht. —
Wenn auch somit der Versuch gemacht worden ist, den Einfluß wenig-

---

[1]) Sonderheft »Elektrowärme« S. 51.
[2]) »Elektrotechnische Zeitschrift« 1931, Heft 9, S. 327 ff.

stens einiger der genannten Faktoren zu umreißen, so genügen die hierbei gewonnenen Ergebnisse noch bei weitem nicht, um ein endgültiges Urteil abzugeben.

Ganz besonders schwierig erscheint die Erfassung und Berücksichtigung der jeweiligen Lebensweise zu sein, die wiederum für die Höhe der Kochbelastung von ganz besonderer Bedeutung ist. So sagt Dipl.-Ing. Buch in einem Bericht über eingehende Untersuchungen[1]) im Versorgungsgebiet der Märkischen Elektrizitätswerke:

»Die Verschiedenartigkeit der einzelnen Kochkurven ist vor allem auf die abweichende Lebensweise der Bevölkerung verschiedener Landesteile zurückzuführen, die selbst innerhalb dieser Landesteile voneinander abweicht. Eine Gesetzmäßigkeit oder Verallgemeinerung der Kochcharakteristik darf nach den vorliegenden Untersuchungen nicht hergeleitet werden.«

Auch Dipl.-Ing. Mörtzsch gibt in dem schon genannten Bericht an:

»Auf jeden Fall ist eine genaue Nachprüfung unter Berücksichtigung der örtlichen Verhältnisse unerläßlich. Die hier genannten Zahlen können lediglich als Richtwerte dienen.«

Zusammenfassend ergibt sich, daß die Belastungsverhältnisse beim elektrischen Kochen wohl grundsätzlich in gewissem Umfang erforscht sind, daß aber die Höhe der jeweils auftretenden Belastungen und ihre Abhängigkeit von den verschiedenen schon genannten Faktoren nur wenig geklärt ist. Bei Einführung des elektrischen Kochens in einem bestimmten Gebiet können somit die zu erwartenden Belastungsverhältnisse nur in durchaus ungenügender Weise vorher geschätzt werden. Da aber Verlauf und Höhe der Belastung die Höhe der Kochstromselbstkosten entscheidend beeinflussen, sind weitere Forschungen dringend erforderlich.

In welcher Weise wertvolles Aufschlußmaterial durch Erfassung der Kochgasabgabeverhältnisse gewonnen werden kann, wird weiter unten näher dargelegt.

## D. Jahreskochstromverbrauch.

Die beim elektrischen Kochen auftretenden zusätzlichen Belastungen geben einen Maßstab für die festen jährlichen Kapitaldienstkosten, die unabhängig von der Abnahmemenge sind. Soll der auf die einzelne Kilowattstunde entfallende Anteil dieser festen Kosten gefunden werden, so müssen die jährlichen Abnahmemengen in Kilowattstunden bekannt sein.

Die in der Literatur veröffentlichten sowie auch die vom Verfasser eingeholten Angaben über den jährlichen Kochstromverbrauch weichen ziemlich erheblich voneinander ab. Bei der Ermittlung von Jahresver-

---

[1]) Sonderheft »Fortschritte in der Elektrifizierung des Haushalts« S. 80.

brauchsmengen muß die bisweilen angewendete Methode, durch Multiplikation eines Tagesnormalbedarfs mit 365 Tagen den Jahresverbrauch zu finden, ausscheiden, da hierdurch besonders der zwischen Winter und Sommer bestehende Verbrauchsunterschied nicht berücksichtigt wird. Es muß daher auf die in der Praxis tatsächlich gefundenen Jahresverbrauchsziffern zurückgegriffen werden, für die nachstehend lediglich 3 charakteristische Beispiele angegeben seien.

Korff[1]) findet, daß eine Kochstromabnahme von 600 kWh bei Haushaltungen mit 4 Köpfen nur schwer erreicht wird; für die Römerstadt wird der jährliche Kochstromabsatz mit 750 kWh je Haushalt bezeichnet[2]); schweizerische Elektrizitätswerke gaben dem Verfasser den Jahresverbrauch mit etwa 1000 bis 1200 kWh an.

Die vorstehenden Strommengen beziehen sich nur auf den Kochstromverbrauch. Eine Berücksichtigung des Heißwasserspeicherstromverbrauchs erscheint nicht angebracht, da in der Regel, von besonderen Fällen abgesehen, durch die Speicher keine oder nur geringe Erhöhungen der bisherigen Anlagenhöchstbelastungen bedingt werden, und da hier infolgedessen auch meistens sehr niedrige Preise eingeräumt werden, in denen Anteile zur Deckung fester Kapitaldienstkosten nur in geringem Umfange enthalten sind.

Aus den genannten jährlichen Kochstromverbrauchsziffern von 600, 750 und 1000 bis 1200 kWh geht bereits zur Genüge hervor, welch große Verschiedenheiten auftreten können. Von Einfluß sind auch hier, ähnlich wie bei der Höhe der Kochbelastungen, Anschlußwert und Art der Herde, Verwendung von Kohlenherden, Zentralheizungen, Heißwasserspeichern u. a. m. Ganz besonders sprechen Personenzahl, wirtschaftliche Verhältnisse und Lebensgewohnheiten der erfaßten Haushaltungen mit.

Eine nähere Klärung der jährlichen Kochstromverbrauchsziffern erscheint somit dringend notwendig, und es liegt nahe, auch hier die Erfahrungen von Gaswerken heranzuziehen. — Ehe hierauf eingegangen wird, sei eine kurze Wirtschaftlichkeitsbetrachtung eingeschaltet.

### E. Wirtschaftlichkeitsbetrachtung.

Um die Auswirkung der in den vorhergehenden Abschnitten festgestellten Unterschiede hinsichtlich Kochbelastungshöhe und Jahreskochstromverbrauch zu umreißen und um weitere bei der Kochstrompreiskalkulation zu beachtende Gesichtspunkte zu gewinnen, soll nachstehend eine überschlägige Berechnung der durch die Kochstromlieferung bedingten Kapitaldienstselbstkosten der Elektrizitätswerke durchgeführt werden.

Den folgenden Beispielsrechnungen kann keinerlei Allgemeingültigkeit beigemessen werden, da in jedem einzelnen praktischen Falle andere

---

[1]) Sonderheft »Elektrowärme« S. 80.
[2]) Desgl. S. 49.

Voraussetzungen und andere Grundkosten gelten werden. Ausgegangen sei von den nachstehend erwähnten weitgehenden Vereinfachungen und Annahmen.

Da in neuerrichteten Siedlungsgruppen besonders günstige Voraussetzungen für die Einführung des elektrischen Kochens vorliegen, sei die Wirtschaftlichkeitsbetrachtung zunächst auch auf derartige Neubauwohngebiete abgestellt, wodurch sich gleichzeitig, wie weiter unten angegeben ist, die Rechnungsweise vereinfacht.

Unter Anlehnung an die in der obigen Tabelle (S. 87) angegebenen Werte sollen für die Höhe der Gruppenhöchstlastanteile je Haushalt 2 Fälle angenommen werden, und zwar:

Fall a)  0,6 kW mittags, 0,15 kW zur Zeit der Werkshöchstlast,
Fall b)  1,0 »        »      0,20 »   »   »    »      »

Ferner soll unter Berücksichtigung der in Abschnitt D (S. 90/91) gemachten Angaben die Rechnung für 2 Abnahmemengen durchgeführt werden, und zwar für

$\alpha$) 1000 kWh Jahreskochstromabnahme je Haushalt
$\beta$)  750 »          »              »        »

Die durch Verzinsung, Erneuerung und feste Instandhaltung verursachten jährlichen Kosten des Kraftwerkes seien gemäß den Angaben auf S. 73 mit RM. 48,— je kW angenommen. Hierbei wird davon ausgegangen, daß die durch zusätzliche Belastung erforderlichen Verstärkungen im Kraftwerk den beim Neubau erforderlichen Aufwendungen je kW Leistung entsprechen. Von einer Berücksichtigung des im Durchschnitt mit etwa 20% anzunehmenden Verlustes bei der Leistungsübertragung vom Kraftwerk bis zum Niederspannungsabnehmer soll hier abgesehen werden, da die hiernach erforderliche Leistungserhöhung dadurch wieder ausgeglichen werden dürfte, daß bei Belieferung mehrerer Abnehmergruppen infolge der erhöhten Abnehmerzahl gemäß den Ausführungen auf S. 79 ff. der durchschnittliche Lastanteil je Haushalt im Kraftwerk niedriger ist als in der einzelnen Abnehmergruppe.

Hinsichtlich der weiteren Kapitaldienstkosten für Hochspannungs- und Verteilungsanlagen sowie Hausanschlüsse sei Bezug genommen auf die Angaben[1] von Dir. Habersaat über die Siedlungen Römerstadt und Saalburgallee in Frankfurt a. M. Hiernach betragen die Gesamtanlagekosten von Hoch- und Niederspannungsnetz mit Transformatoren einschließlich Hausanschlüssen für Siedlungen mit elektrischen Herden und Speichern RM. 175,— je Wohnung, während sich die entsprechenden Kosten in einer Siedlung ohne elektrische Herde und ohne Speicher auf RM. 133,— je Wohnung stellen. Die durch die Elektrifizierung der Küche bedingten Mehrkosten, die allein für die Berechnung der auf das elektrische Kochen entfallenden festen Jahreskosten herangezogen werden können,

---

[1] Sonderheft »Elektrowärme« S. 82/83.

betragen somit RM. 42,— je Wohnung. Da aus diesen Angaben nicht recht ersichtlich ist, ob das gesamte Hochspannungsnetz ab Kraftwerk einbezogen ist, seien für die hier durchzuführende Rechnung die Mehrkosten im Falle a) mit RM. 50,— und im Falle b) mit RM. 70,— je Haushalt angenommen. Diese ergeben bei einem Satz von 12% einen festen Jahreskapitaldienst von RM. 6,— bzw. RM. 8,40 je Haushalt.

Zunächst soll die Rechnung unter der bei dem derzeitigen Umfange der Kochstromversorgung besonders in Betracht kommenden Annahme durchgeführt werden, daß die Höchstbelastung des Kraftwerks nur durch die zur gleichen Zeit, also nachmittags, auftretende niedrige Kochstrombelastung erhöht wird. Es betragen dann im Belastungsfalle a) die Kapitaldienstkosten für:

Hochspannungs- und Niederspannungsnetz
  sowie Hausanschlüsse. . . . . . . RM.  6,—/Haushalt und Jahr

$$\text{Kraftwerk } \frac{\text{RM. 48,—}}{\text{kW und Jahr}} \times \frac{0{,}15 \text{ kW}}{\text{Haushalt}} = . \quad \text{»} \quad 7{,}20/ \quad \text{»} \quad \text{»} \quad \text{»}$$

RM. 13,20/Haushalt und Jahr.

Auf 1 kWh Kochstrom entfällt somit an Kapitaldienstkosten bei einem Jahresverbrauch von

       1000 kWh/Haushalt      1,32 Pf./kWh,
       750 kWh/Haushalt      1,76 Pf./kWh.

Ist bei einer starken Verbreitung des elektrischen Kochens die Mittagskochlast für die Erhöhung der Werkshöchstlast maßgebend, wird also der auf das Kraftwerk bezogene optimale Anschlußprozentsatz überschritten, so entfallen auf die weitere Kochstromabgabe an Kapitaldienstkosten für

Hochspannungs- und Niederspannungsnetz
  sowie Hausanschlüsse . . . . . . . RM.  6,—/Haushalt und Jahr

$$\text{Kraftwerk } \frac{\text{RM. 48,—}}{\text{kW und Jahr}} \times \frac{0{,}6 \text{ kW}}{\text{Haushalt}} = . \quad \text{»} \quad 28{,}80/ \quad \text{»} \quad \text{»} \quad \text{»}$$

RM. 34,80/Haushalt und Jahr.

das sind bei einem Jahreskochstromverbrauch von

       1000 kWh/Haushalt      3,48 Pf./kWh,
       750 kWh/Haushalt      4,64 Pf./kWh.

In der vorliegenden Rechnung sind somit die festen Kosten bei Erhöhung der Werkshöchstlast durch die Mittagskochlast fast dreimal so hoch als bei einer Erhöhung durch die Nachmittagskochlast.

Da die Elektrizitätswerke nicht den zuerst angeschlossenen Haushaltungen niedrige und den später angeschlossenen hohe Kochstrompreise berechnen können, sondern Durchschnittspreise in Rechnung stellen müssen, ist es notwendig Mittelwerte zu bilden. Beträgt der optimale, auf die Kraftwerke bezogene Anschlußprozentsatz 16 und sind insgesamt 30% der vom Kraftwerk belieferten Haushaltungen mit elektrischen Küchen ausgestattet, so ist die durchschnittliche zusätzliche Belastung in folgender Weise zu berechnen:

$$\frac{\dfrac{0,15\ \text{kW}}{\text{Haushalt}} \times 16\% + \dfrac{0,60\ \text{kW}}{\text{Haushalt}} \times (30\%-16\%)}{30\%} = \frac{0,36\ \text{kW}}{\text{Haushalt}}$$

und der anteilige Kraftwerkskapitaldienst ist

$$\frac{\text{RM. } 48,\!-}{\text{kW und Jahr}} \times \frac{0,36\ \text{kW}}{\text{Haushalt}} = \text{RM. } 17,\!28/\text{Haushalt und Jahr.}$$

Bei Einrechnung der festen Kosten für Hochspannungs- und Niederspannungsnetz sowie Hausanschlüsse von RM 6,— je Haushalt und Jahr beträgt der Kapitaldienstanteil bei einem Jahreskochstromverbrauch von

| | |
|---|---|
| 1000 kWh/Haushalt | 2,33 Pf./kWh, |
| 750 kWh/Haushalt | 3,11 Pf./kWh. |

Für den Fall b), also bei Zugrundelegung eines Gruppenhöchstlastanteils je Haushalt von 1,0 kW mittags und 0,20 kW zur Zeit der Werkshöchstlast ergeben sich durch entsprechende Rechnung höhere Werte, die in der folgenden Liste den vorstehend gefundenen Werten gegenübergestellt sind.

| Jahres-kochstrom-verbrauch je Haushalt in kWh | Feste Kapitaldienstkosten in Pf. je kWh Kochstrom bei Erhöhung der Kraftwerkshöchstlast | | | | | |
|---|---|---|---|---|---|---|
| | um Nachmittags-kochlast | | teils um Nachmittags-, teils um Mittagskochlast bei Anschlußprozent-satz 30 | | ausschließlich um Mittagskochlast | |
| | Fall a | Fall b | Fall a | Fall b | Fall a | Fall b |
| $\alpha$ 1000 | 1,32 | 1,80 | 2,33 | 3,59 | 3,48 | 5,64 |
| $\beta$ 750 | 1,76 | 2,40 | 3,11 | 4,79 | 4,64 | 7,52 |

Aus dieser Rechnung ergibt sich, daß der Kapitaldienstanteil je kWh Kochstrom

1. um so höher ist, je niedriger der Jahreskochstromverbrauch ist, und zu ihm in einem umgekehrt proportionalen Verhältnis steht, so daß er bei 750 kWh um 33⅓% höher ist als bei 1000 kWh;
2. von der Höhe der jeweiligen Kochstrombelastungen sehr abhängt, so daß die Kostenanteile im Belastungsfall b) um rd. 35 bis 60% höher liegen als im Fall a);
3. besonders stark anwächst, wenn bei größerer Verbreitung des elektrischen Kochens die zusätzliche Belastung der Anlagenteile durch die hohe Mittagskochlast bestimmt wird; in dem Beispiel beträgt die Steigerung bei einem Gesamtanschlußprozentsatz von

30 und bei einem optimalen Kraftwerks-Anschlußprozentsatz von rd. 16  75 bis 100% und würde bei einem höheren Anschlußprozentsatz noch größer sein.

Somit ist es für die Kochstrompreiskalkulation von größter Bedeutung, daß zumindest einigermaßen zutreffende Annahmen über

Jahreskochstromverbrauch je Haushalt,

Höhe der Kochbelastungen,

optimale Anschlußprozentsätze, bezogen auf die verschiedenen Hauptanlageteile

gemacht werden können.

Zur Ermittlung des Gesamtkochstrompreises je kWh sind den Kapitaldienstkosten noch die beweglichen und sonstigen festen Kosten hinzuzurechnen, die meistens nicht unter 2½ bis 4 Pf./kWh liegen dürften. Da anderseits in Deutschland häufig Kochstrompreise von 8 bis 10 Pf./kWh eingeräumt werden, so ergibt sich aus der Aufstellung, daß den Werken ein ausreichender Gewinn verbleibt, so lange vor allem der auf das Kraftwerk bezogene optimale Anschlußprozentsatz nicht überschritten wird. Bei einer starken Verbreitung des elektrischen Kochens wird dagegen die Gewinnspanne sehr klein. Schließlich kann sogar die Einräumung der genannten Kochstrompreise einen Verlust bringen. — Im allgemeinen wird allerdings eine ganze Reihe von Jahren vergehen, bis der auf die Kraftwerke bezogene optimale Anschlußprozentsatz überschritten wird. Es kann häufig damit gerechnet werden, daß in dieser Zeit auch die sonstige Werksbelastung steigt, wodurch dann voraussichtlich auch der optimale Anschlußprozentsatz, sofern nicht die Zahl der Haushaltungen entsprechend wächst, erhöht würde.

Infolge der Abhängigkeit der Selbstkosten von dem Ausmaß der Verbreitung des elektrischen Kochens haben sich die Elektrizitätswerke bei Festsetzung von Durchschnitts-Kochstrompreisen darüber zu entscheiden, auf welche Anschlußprozentsätze, vor allem hinsichtlich des Kraftwerkes, die Kalkulation abgestellt werden soll. Wird nur der optimale Satz zugrunde gelegt, so ergeben sich verhältnismäßig niedrige Preise. Wird dagegen ein höherer Prozentsatz angenommen, so fallen die Kochstrompreise erheblich höher aus. In diesem Falle werden die Werke zunächst, solange die Zahl der versorgten Haushaltungen unter dem optimalen Satze liegt, einen erheblichen Gewinn erzielen, der bei Überschreiten dieses Satzes wieder verringert wird, da jede weitere angeschlossene Küche Kosten verursacht, die über dem einzuräumenden Durchschnittsstrompreis liegen.

Die Abstellung der Beispielsrechnung auf Siedlungsneubauten stellt den günstigsten Kalkulationsfall dar. Dies ist vorwiegend auf 2 Gründe zurückzuführen. Erstens werden hier größere Haushaltgruppen erfaßt, die die Voraussetzung für niedrige Kochbelastungsanteile je Haushalt gemäß den Ausführungen auf S. 79 ff. bilden. Zweitens sind bei Neubauwohnvierteln die durch das elektrische Kochen bedingten zusätzlichen Anlagekosten, besonders des Niederspannungsnetzes und der Hausanschlüsse, verhältnismäßig niedrig, da die Anlagen für die Licht- und Geräte-Versorgung in jedem Falle auszuführen sind, so daß auf das elektrische Kochen nur die durch die stärkere Anlagenbemessung bedingten Mehrkosten entfallen. Hierbei handelt es sich vorwiegend um Materialkosten, die im Vergleich zu den übrigen Kosten nur niedrig sind, während die Verlegungskosten, die einen sehr erheblichen Teil der Gesamtaufwendungen ausmachen, ganz überwiegend auf Licht- und Gerätestrom umzurechnen sind.

Bei Altbauten, die bereits in dem für Licht und Haushaltgeräte üblichen Ausmaß installiert sind, liegen die Verhältnisse aus nachstehenden Gründen bei weitem ungünstiger. Erstens ist es bei Altbauvierteln meistens sehr schwierig, größere zusammenhängende Haushaltgruppen für die elektrische Küche zu gewinnen. Zweitens verursachen die an schon bestehenden Anlagen auszuführenden Verstärkungen meistens beträchtlich höhere Kapitaldienstkosten als bei Siedlungsneubauten.

# IV. Heranziehung von Gasabgabewerten.

Weiter oben ist bereits ausgeführt worden, daß bei dem derzeitigen Stand der Forschungen erhebliche Unklarheiten hinsichtlich Belastungshöhe und Jahresstromverbrauch bei Einführung des elektrischen Kochens in einem bestimmten Gebiete bestehen, und daß es daher nahe liegt, zur Beurteilung die bei der Kochgaslieferung auftretenden Verhältnisse heranzuziehen.

Ein solcher Vergleich ist um so mehr angebracht, als, wie im ersten Teil der Arbeit angeführt wurde, die elektrischen Hochleistungsherde und -kocher weitgehende Ähnlichkeit mit den entsprechenden Gasgeräten aufweisen. Ein wesentlicher Unterschied zwischen elektrischer und Gasküche würde allerdings dann bestehen, wenn ein elektrischer Heißwasserspeicher als notwendiger Bestandteil einer elektrischen Küche bezeichnet wird. Diese Auffassung wird jedoch heute im allgemeinen nicht mehr vertreten, zumal allein schon die Anschaffungskosten die Aufstellung sowohl eines Herdes als auch eines Heißwasserspeichers sehr erschweren. Infolgedessen können die bei Gaswerken gefundenen Werte über die Kochgasabgabe in gewissem Umfange zum Studium der bei Einführung der elektrischen Küche zu erwartenden Verhältnisse herangezogen werden.

### A. Kochgasabgabeleistungen.

In der Fachliteratur über die Belastungsverhältnisse beim elektrischen Kochen sind bisher Gasabgabekurven sehr selten und wenig eingehend berücksichtigt worden. Hierbei sind, soweit dem Verfasser bekannt ist, nur Stundendurchschnittswerte verwendet worden, so daß die innerhalb einer Stunde auftretenden Abgabeschwankungen, die für die Anlagenbemessung der Elektrizitätswerke ausschlaggebend sind, nicht beachtet wurden. Welche Ausmaße jedoch derartige Schwankungen haben können, wird weiter unten dargelegt.

Die Gaswerke zeichnen häufig, da kurzzeitige Belastungsschwankungen für sie infolge der ausgleichenden Wirkung der Speicher von geringerem Interesse sind, lediglich die Tagesgesamtabgaben auf, und nur verhältnismäßig selten werden stündliche Eintragungen vorgenommen. Infolgedessen können für den hier beabsichtigten Vergleich die bei den Gaswerken vorhandenen Abgabekurven meistens nicht verwendet werden, sondern es ist notwendig, die Gasabgabemengen in kürzeren Zeitabständen, etwa alle 10 Minuten, zu messen. Zu noch kürzeren Ablesezeiten überzugehen, liegt keine zwingende Veranlassung vor, da ganz kurzzeitige Belastungsschwankungen von dem hier in Betracht kommenden Ausmaß auch bei elektrischen Anlagen keine besondere Rolle spielen. Ohne auf die technische Durchführung näher einzugehen, sei hier nur kurz darauf hingewiesen, daß kurzzeitige Gasabgabemessungen verhältnismäßig leicht vorzunehmen sind, wenn das gesamte Versorgungsgebiet, wie es bei den meisten Gaswerken der Fall ist, aus nur einem Gasbehälter beliefert wird. Sind im Versorgungsgebiet noch Unterbehälter vorhanden, so sind während der Zeit der Messungen entweder die Unterbehälter zu sperren, oder es muß zumindest die laufende Verringerung bzw. auch Steigerung des Inhaltes der Unterbehälter in gleichen Zeitabständen erfaßt und mit der Hauptabgabekurve zusammengerechnet werden.

Wie erheblich die Unterschiede zwischen stündlicher und 10 minütlicher Abgabe und wie wichtig daher kurzzeitige Ablesungen sind, zeigen die nachstehenden Diagramme (s. S. 98—100), die verschiedene Gaswerke auf Veranlassung des Verfassers aufgenommen haben.

Bei den auf Seite 98—100 wiedergegebenen Messungen liegen die 10-Minuten-Spitzenwerte über dem Stundendurchschnittswert

A. in der Mittagszeit,

bei einem

| großstädtischen deutschen Gaswerk, | Montag | 9. 3. 31 | um | 12,5% |
| » » » | Dienstag | 10. 3. 31 | » | 44 % |
| großen Schweizer Gaswerk, | Dienstag | 20. 1. 31 | » | 54 % |
| » » » | Freitag | 30. 1. 31 | » | 29 % |
| » » » | Montag | 9. 3. 31 | » | 52 % |
| mittleren » » | Dienstag | 27. 1. 31 | » | 24 %, |

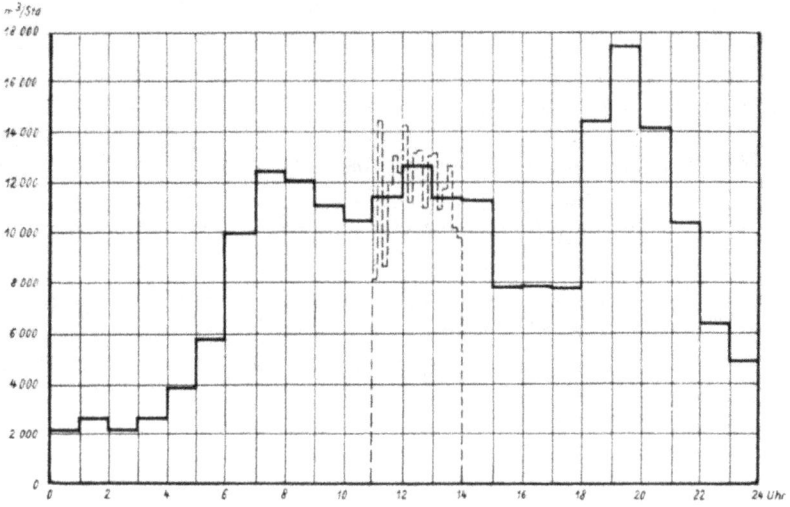

Abb. 20.
Verlauf der Gasabgabe eines großstädtischen Deutschen Gaswerkes innerhalb 24 Stunden
Montag, den 9. März 1931.

——— Stundenabgabe in m³/Std.          — — 10 Minutenabgabe in m³/Std.

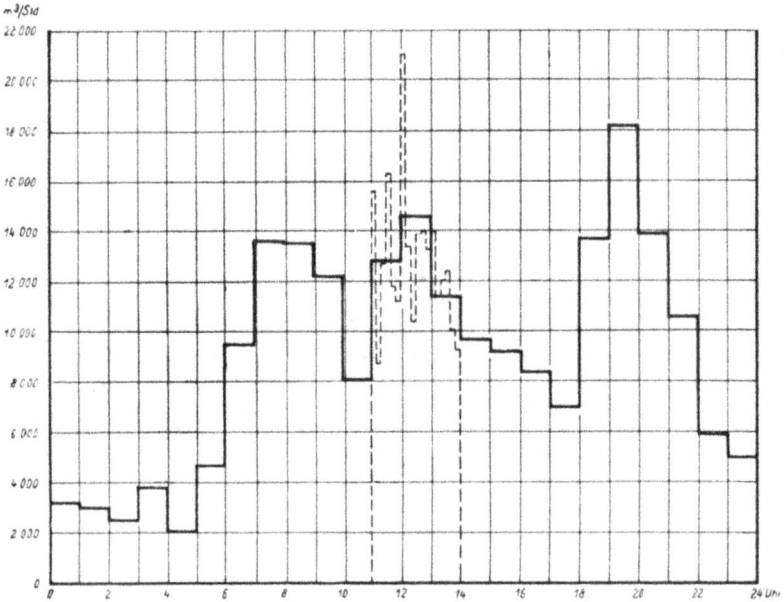

Abb. 21.
Verlauf der Gasabgabe eines großstädtischen Deutschen Gaswerkes innerhalb 24 Stunden
Dienstag, den 10. März 1931.

——— Stundenabgabe in m³/Std.          — — Minutenabgabe in m³/Std.

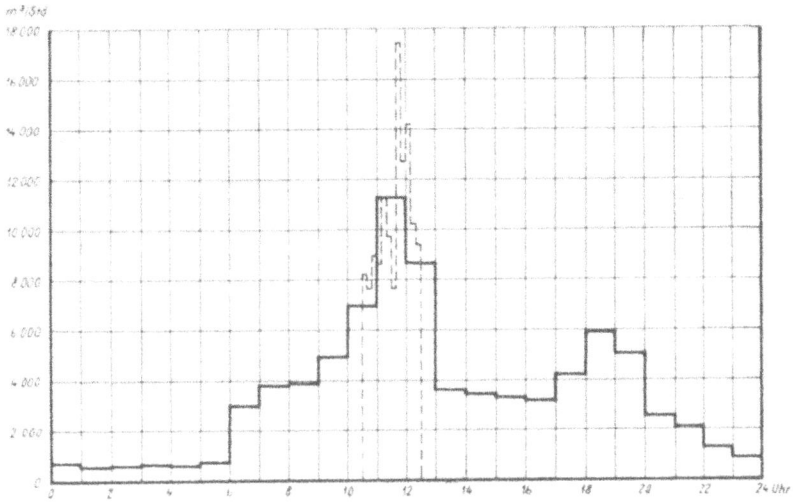

Abb. 22.
Verlauf der Gasabgabe eines großen Schweizer Gaswerkes innerhalb 24 Stunden
Dienstag, den 20. Januar 1931.

───── Stundenabgabe in m³/Std.      ─ ─ Minutenabgabe in m³/Std.

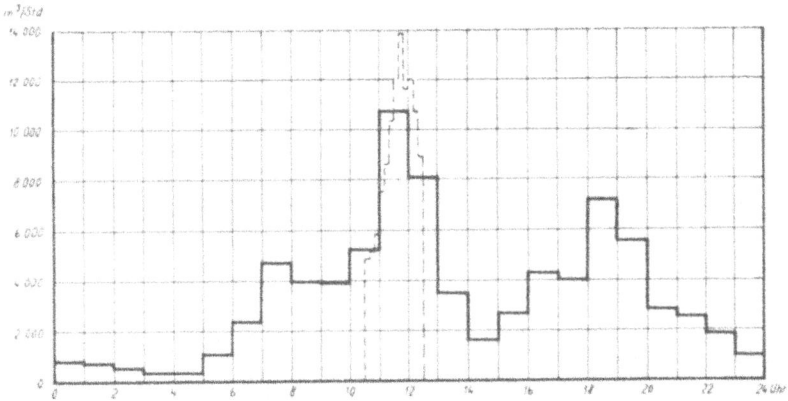

Abb. 23.
Verlauf der Gasabgabe eines großen Schweizer Gaswerkes innerhalb 24 Stunden
Freitag, den 30. Januar 1931.

───── Stundenabgabe in m³/Std.      ─ ─ Minutenabgabe in m³/Std.

7*

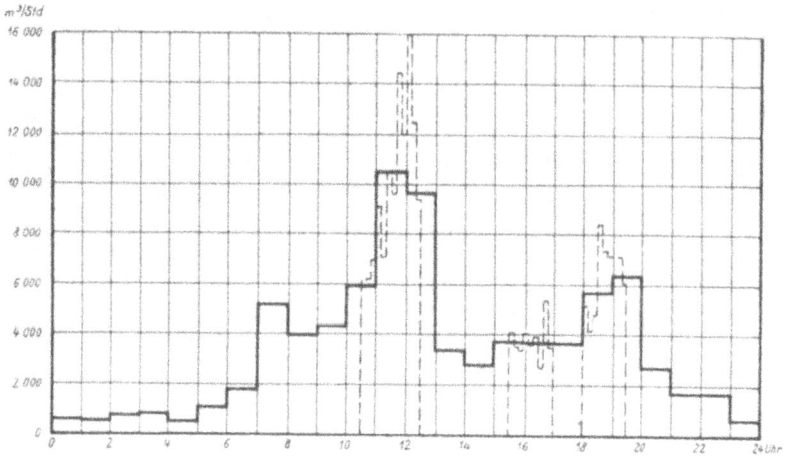

Abb. 24.
Verlauf der Gasabgabe eines großen Schweizer Gaswerkes innerhalb 24 Stunden
Montag, den 9. März 1931.

———— Stundenabgabe in m³/Std.          — — Minutenabgabe in m³/Std.

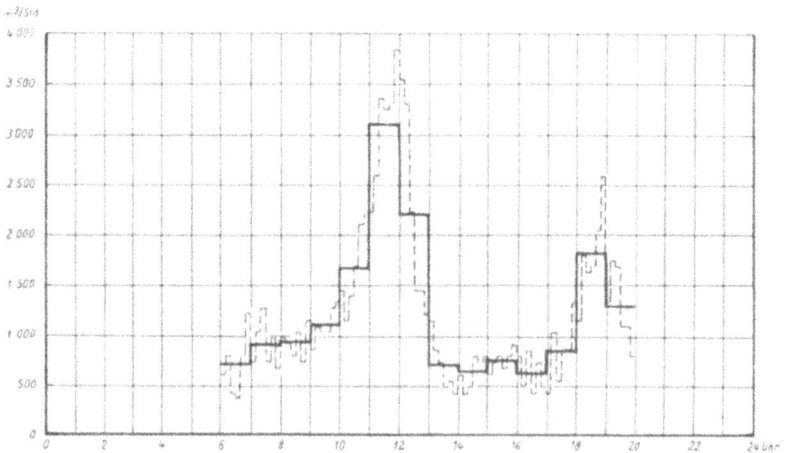

Abb. 25.
Verlauf der Gasabgabe eines mittleren Schweizer Gaswerkes innerhalb 24 Stunden
Dienstag, den 27. Januar 1931.

———— Stundenabgabe in m³/Std.          — — 10 Minutenabgabe in m³/Std.

B. nachmittags zwischen 16 und 17 Uhr,

bei einem

| | | | | | |
|---|---|---|---|---|---|
| großen Schweizer Gaswerk | Montag | 9. 3. 31 | um | 46 | % |
| mittleren » » | Dienstag | 27. 1. 31 | » | 36 | %. |

Die 10-Minuten-Werte liegen somit ganz beträchtlich und zwar nach den obigen Ermittlungen bis zu 54% über den Stundendurchschnittswerten.

Hiernach ergibt sich als erster wichtiger Grundsatz, daß zur Beurteilung der beim elektrischen Kochen zu erwartenden Belastungen Gaswerks-Stundenabgabemengen nicht verwendet werden können, sondern kurzzeitige Abgabeleistungen herangezogen werden müssen.

In den Aufzeichnungen der Gaswerke wird stets nur die Gesamtabgabe erfaßt. Infolgedessen ist es notwendig, die Kochgasabgabe herauszuschälen.

Eine Unterteilung der Gasabgabekurve nach großen Verbrauchsgruppen ist bisher verhältnismäßig selten durchgeführt worden. Am bekanntesten sind die unterteilten Belastungsgebirge der Städtischen Gaswerke Wien, die auf der Deutschen Ausstellung »Gas und Wasser«, Berlin 1929, besonders große Beachtung fanden und nachstehend wiedergegeben sind.

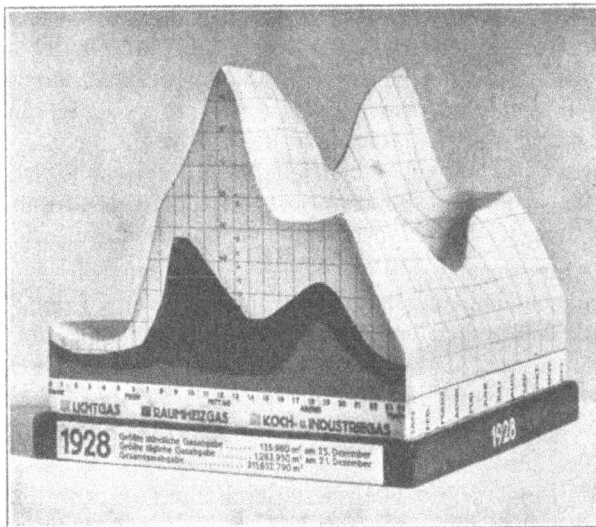

Abb. 26.
Belastungsgebirge der Städtischen Gaswerke Wien[1]).

Für den hier in Betracht kommenden Zweck genügt die in der Wiener Kurve vorgenommene Unterteilung noch nicht, da Koch- und

---

[1]) »Technische Monatsblätter für Gasverkäufer« 1929, Heft 9, S. 131.

Industriegas in einer Gruppe zusammengefaßt sind. Es soll daher nachstehend untersucht werden, inwieweit und auf welche Weise es möglich ist, die Kochgasabgabe getrennt von der übrigen Abgabe zu ermitteln.

Reine Kochgasabgabekurven können nur so gewonnen werden, daß die in der Gesamtkurve enthaltenen Abgabemengen für die übrigen Verbrauchszwecke je für sich festgestellt und abgesetzt werden. Ein solches Verfahren birgt von vornherein gewisse Fehlerquellen in sich. Mit Rücksicht darauf, daß der Kochgasabsatz meistens den Hauptanteil ausmacht, können diese Fehler aber schließlich doch in Kauf genommen werden, zumal die bei der Gewinnung von elektrischen Kochstromkurven sich ergebenden Fehlerquellen, wie weiter oben auf S. 88 ausgeführt wurde, eher noch größer sind.

Die Gesamtabgabe der Gaswerke setzt sich zusammen aus:

a) Eigenverbrauch,
b) Abgabe für Gewerbe, Industrie und Wirtschaftsbetriebe,
c)      »      »  öffentliche und Haushaltbeleuchtung,
d)      »      »  Haushaltheizung und sonstige -Geräte,
e)      »      »  Haushaltkochen und Warmwasserbereitung.

Zu a). Der Eigenverbrauch der Gaswerke ist meßtechnisch meist erfaßbar und daher leicht abzusetzen.

Zu b). Die Absetzung des Verbrauchs von Gewerbe, Industrie und Wirtschaftsbetrieben muß in erster Linie auf Grund sorgsam erwogener Schätzungen, die sich auf Abgabemenge, Arbeitszeit u. a. m. stützen müssen, erfolgen. Bei kleineren Versorgungsgebieten sind diese Schwierigkeiten verhältnismäßig nicht sehr groß, da die Zahl der größeren, ins Gewicht fallenden industriellen und gewerblichen Abnehmer meist klein ist, so daß bei den Hauptverbrauchern der Abnahmeverlauf während der Zeit der Messungen einigermaßen erfaßt werden kann.

Zu c). Eine Berücksichtigung der Gasabgabe für öffentliche und auch Wohnungsbeleuchtung ist im allgemeinen nur zu den Tageszeiten notwendig, in denen infolge Dunkelheit eine Beleuchtung überhaupt notwendig ist. So kann also damit gerechnet werden, daß im Sommer erst ab 20 bis 21 Uhr und im Winter erst ab 16 bis 17 Uhr ein Absetzen der Beleuchtungsgasabgabe erforderlich ist, zu den übrigen Tageszeiten dagegen nicht.

Da für die Belastungsverhältnisse der Elektrizitätswerke, wie weiter oben dargelegt wurde, besonders der Kochenergieverbrauch im Dezember zwischen 16 und 17 Uhr von ausschlaggebender Bedeutung ist und zu dieser Zeit in der Gasgesamtabgabe meistens Beleuchtungsgas enthalten ist, muß nach einem Weg gesucht werden, die um diese Zeit auftretende reine Kochgasabgabe zu ermitteln. Die von Schneider[1] angewendete

---

[1] »Elektrotechnische Zeitschrift« 1929, S. 327.

Methode, von der Gesamtabgabekurve eines Gaswerks die Strombelastungskurve eines Elektrizitätswerkes abzuziehen, das ungefähr gleichviel Haushaltungen wie das Gaswerk und zwar nur mit Lichtstrom versorgt, und hierbei von einer Beleuchtungsäquivalenzziffer von 1 auszugehen, stellt wohl einen gewissen Lösungsversuch dar, dürfte aber auf der anderen Seite sehr starke Fehlerquellen aufweisen.

Hier kann ein Hilfsverfahren auf Grund folgender Überlegung eingeführt werden: Der Kochgasverbrauch hängt stark von den Außentemperaturen ab, da hiervon die Benutzung der Kohlenherde ausschlaggebend bestimmt wird. Im Februar sind in Deutschland im allgemeinen entsprechende Temperaturen wie im Dezember zu verzeichnen. Es kann daher angenommen werden, daß der Kochgasverbrauch in diesen beiden Monaten ungefähr gleich ist, abgesehen von dem Weihnachtsspitzenverbrauch, über den noch weiter unten gesprochen wird. Anderseits steht im Februar zwischen 16 und 17 Uhr meist noch Tageslicht zur Verfügung, so daß meistens ein beachtlicher Lichtgasverbrauch nicht in Frage kommt. Infolgedessen können die im Februar zwischen 16 und 17 Uhr ermittelten Kochgasabgabewerte als weitgehend übereinstimmend mit den Verhältnissen im Monat Dezember betrachtet werden.

Zu d). Der Gasabsatz für Haushaltheizung und besondere Geräte bedingt nur einen geringen prozentualen Anteil an der Gesamtabgabe und kann daher häufig vernachlässigt werden.

Zu e). Durch Absetzen der unter a) bis d) behandelten Abgabemengen von der Gesamtabgabe wird die Kochgasabgabekurve gefunden. Durch Division mit der Zahl der Kochgasbezieher kann die für das elektrische Kochen besonders interessierende anteilige Belastung je Haushalt errechnet werden. Für die Umrechnung von $m^3$ Gas je Stunde und Haushalt in kWh je Stunde und Haushalt, also in Kilowatt je Haushalt, muß die Äquivalenzziffer herangezogen werden. Wird als Verhältnisziffer ein Wert $x$ angenommen, so sind die Gasleistungen mit $x$ zu multiplizieren, um elektrische Leistungen zu erhalten.

Verhältnismäßig einfach ist die Herausschälung der Kochgasabgabekurven bei Werken, die für Beleuchtungszwecke nur wenig Gas abgeben und die nur wenig, bzw. gut erfaßbare Gewerbe- und Industrieabnehmer haben. Dies ist häufig der Fall bei Überlandgaswerken, in deren Versorgungsgebiet meistens die Gasbeleuchtung nur von geringer Bedeutung ist. In deutschen Städten dagegen, in denen der Gasabsatz sowohl für die öffentliche als auch für die Wohnungsbeleuchtung häufig eine sehr beträchtliche Rolle spielt, ist in der oben angegebenen Weise vorzugehen. Bei Schweizer Städtischen Gaswerken liegen die Verhältnisse für den hier vorliegenden Zweck ziemlich günstig, da die Abgabe von Beleuchtungsgas meistens ziemlich unbedeutend ist.

## B. Ermittlungsbeispiele.

Der Bitte und den Angaben des Verfassers entsprechend wurden insbesondere von zwei Schweizer städtischen Gaswerken nähere Ermittlungen vorgenommen, die nachstehend als Beispiel für die obigen Ausführungen wiedergegeben werden sollen.

### 1. Schweizer Städtisches Gaswerk A.

Es werden rd. 32000 Kochgasabnehmer beliefert, auf die von der Gesamtgasabgabe 88% entfallen, während der Anteil der Wirtschafts-betriebe (Hotels, Restaurants, Pensionen) 6,5%, Gewerbe und Industrie 2,75% und der Spitäler, Schulen usw. 2,75% beträgt. Der Anteil der Straßenbeleuchtung beläuft sich auf nur 0,15% der Gesamtabgabe und kann daher ebenso wie die minimale Gasabgabe für Beleuchtung von Wohnungen, Geschäftshäusern usw. vernachlässigt werden.

Nachstehend ist die Abgabekurve für Mittwoch den 4. 2. 1931 wiedergegeben, wobei während der hier besonders interessierenden Tageszeiten Momentanmessungen mit Staurand durchgeführt wurden, wogegen für die übrigen Tageszeiten nur Stundenwerte eingetragen sind. Der Eigenverbrauch ist in der Kurve nicht mit enthalten.

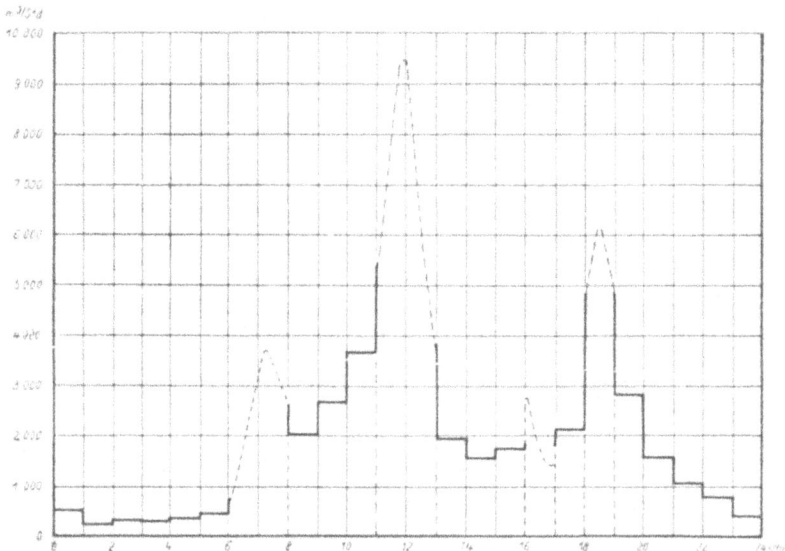

Abb. 27.
Verlauf der Gasabgabe eines mittleren Schweizer Gaswerkes innerhalb 24 Stunden
Mittwoch, den 4. Februar 1931.
———— Stundenabgabe in m³/Std. — — Momentanabgabe in m³/Std.

Nach Angaben des Werkes sind von der Gesamtkurve für Wirt-schaftsgewerbe, Spitäler, Industrie und Gewerbe in der Mittagszeit etwa 11% abzusetzen. Wird abends mit dem gleichen Prozentsatz und morgens sowie nachmittags unter Berücksichtigung der speziellen Verhältnisse mit 13% gerechnet, so ergeben sich folgende Werte:

| | Kochgasabgabe in m³/h | |
|---|---|---|
| | für 32 000 Haushaltungen | je Einzelhaushalt |
| Morgens 7¹⁵ Uhr . . . . . . . . . . | 3 260 | 0,100 |
| Mittags 11⁵⁰ Uhr . . . . . . . . . | 8 550 | 0,268 |
| Nachmittags 16⁰⁰ Uhr . . . . . . . | 2 400 | 0,075 |
| Abends 18²⁵ Uhr . . . . . . . . | 5 500 | 0,171 |

## 2. Schweizer Städtisches Gaswerk B.

85% des Gesamtabsatzes werden an 57 000 Kochgasabnehmer geliefert. Heizgas wird fast nicht abgegeben. 15% der Gesamtabgabe werden an Gewerbe, Industrie, Wirtschaftsbetriebe usw. geliefert. Für Straßenbeleuchtung wird Gas überhaupt nicht mehr und für Wohnungsbeleuchtung nur noch in ganz vereinzelten und daher zu vernachlässigenden Fällen abgegeben.

Die für Donnerstag, den 5. 3. 1931 aufgenommene Gasabgabekurve enthält für den gesamten Tag Stundenwerte. Außerdem sind von 10³⁰ bis 12³⁰ Uhr, 15³⁰ bis 17⁰⁰ und 18⁰⁰ bis 19³⁰ Uhr 10-Minuten-Werte eingetragen. Schließlich ist während dieser besonders interessierenden Zeiten auch die nicht auf Haushaltungen entfallende Abgabe nach bester Schätzung abgesetzt.

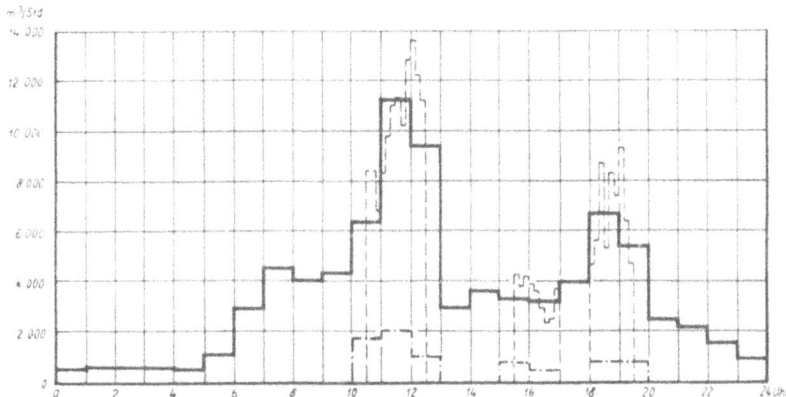

Abb. 28.
Verlauf der Gasabgabe eines großen Schweizer Gaswerkes innerhalb 24 Stunden
Donnerstag, den 5. März 1931.

——— Stundenabgabe in m³/Std.        — — 10 Minutenabgabe in m³/Std.

—— · — Stundeeabgabe in m³/Std. an Industrie und Gewerbe.

Hiernach ergeben sich folgende Kochbelastungen:

| | Kochgasabgabe in m³/h | |
|---|---|---|
| | für 57 000 Haushaltungen | je Einzel-haushalt |
| Mittags 12⁰⁰ Uhr . . . . . . . . . | 12 560 | 0,220 |
| Nachmittags 16⁵⁰ Uhr . . . . . . . | 3 170 | 0,055 |
| Abends 19⁰⁰ Uhr . . . . . . . . . | 8 500 | 0,150 |

Wird zur Umrechnung der gefundenen Werte in Kilowatt die Äquivalenzziffer unter Berücksichtigung des höheren Heizwertes des in der Schweiz abgegebenen Steinkohlengases mit 3,5 angenommen, so ergeben sich die nachstehenden elektrischen Leistungen:

| | Gaswerk A | | Gaswerk B | |
|---|---|---|---|---|
| | Zeit | umgerechnete Leistung in Watt/Haushalt | Zeit | umgerechnete Leistung in Watt/Haushalt |
| Morgens . . . . . . . . . . . . . | 7¹⁵ | 350 | — | — |
| Mittags . . . . . . . . . . . . . | 11⁵⁰ | 940 | 12⁰⁰ | 770 |
| Nachmittags . . . . . . . . . . . | 16⁰⁰ | 260 | 16⁵⁰ | 190 |
| Abends . . . . . . . . . . ·. . . | 18²⁵ | 600 | 19⁰⁰ | 525 |

Die hier für einen beliebigen Tag durch Umrechnung gefundenen Kochbelastungen je Watt stimmen in der Größenordnung mit den von den Schweizer Elektrizitätswerken angegebenen Leistungen (siehe S. 87) ungefähr überein, wodurch allein schon die Richtigkeit der hier angewendeten Ermittlungsmethode bewiesen wird. Werden derartige Untersuchungen systematisch durchgeführt, so kann wertvolles Material gewonnen werden, das besonders für die Ermittlung der in einem bestimmten Gebiet zu erwartenden Kochstrombelastungen mit herangezogen werden kann. Weiter können auf diese Weise Unterlagen für Belastungsunterschiede zwischen Sommer und Winter, Wochentagen und Sonntagen, für Auswirkung spezieller Feiertage usw. gewonnen werden. Hinsichtlich der Auswirkung von Feiertagen sei hier darauf hingewiesen, daß bei den Gaswerken meistens am 23. Dezember, also am Tag vor Heiligabend, zwischen 17⁰⁰ und 19⁰⁰ Uhr die größte Belastungsspitze auftritt[1].

Während sich die vorstehenden Darlegungen auf Gesamtversorgungsgebiete der Gaswerke beziehen, können entsprechende Ermittlungen auch für einzelne Teile des Versorgungsgebietes vorgenommen werden. Es müssen dann allerdings Gasmesser in diejenige Gasrohrleitung, von der aus das zu untersuchende Gebiet beliefert wird, eingebaut werden. Auf die technische Durchführbarkeit soll hier nicht näher eingegangen,

---

[1] »Das Gas- und Wasserfach« 1931, Heft 30, S. 699.

sondern nur kurz darauf verwiesen werden, daß bei Rohrnetzen, die nach dem Verästelungssystem gebaut sind, der Messereinbau verhältnismäßig einfach sein dürfte, und daß bei Ringnetzen die eine Zuleitung während der Dauer der Messungen abgesperrt werden müßte. Durch Auswahl spezieller Gebiete könnte noch weiteres wertvolles Material, insbesondere über die Auswirkung von Kohlenherden, Warmwasserversorgung, Zentralheizung, durchgehender Arbeitszeit u. a. m., gewonnen werden.

### C. Jährlicher Kochgasverbrauch je Haushalt.

Auch hier können zur Beurteilung der bei der Kochstromlieferung zu erwartenden Verbrauchsmengen Gaswerte herangezogen werden. Bisher liegen allerdings noch wenig[1]) derartige Untersuchungen vor. Bekannt geworden sind besonders Erhebungen von Dr. Bertelsmann[2]), die aber von den Elektrizitätswerken angefochten[3]) worden sind, da sie sich auf »ausgewählte« Familien erstrecken.

Den Verbrauch je Haushalt ausfindig zu machen, ist in erster Linie eine statistische Aufgabe. Es müssen bestimmte Haushaltgruppen nach verschiedenen Gesichtspunkten, vor allem nach Lebensverhältnissen und Haushaltpersonenzahl, zusammengefaßt werden. Am einfachsten liegt der Fall, wenn es sich um Haushaltungen ohne Gasbeleuchtung und ohne Gasheizung handelt. Wird das Gas auch für Beleuchtung und Heizung verwendet, so können durch genaues Befragen und entsprechende Aufzeichnung Unterlagen für die zwecks Ermittlung des Kochverbrauchs von dem Gesamtverbrauch abzusetzende Menge gewonnen werden. Derartigen Ermittlungen kommt eine um so größere Bedeutung zu, je größer die erfaßten Haushaltgruppen sind und je eingehender die zur Charakterisierung der einzelnen Gruppen gemachten Angaben sind.

In der vorliegenden Arbeit soll hierauf nicht näher eingegangen werden, sondern es genüge der grundsätzliche Hinweis.

## Zusammenfassung.

Sowohl bei den Gas- als auch bei den Elektrizitätswerken bestehen die Selbstkosten zum größten Teil aus festen Kostenbestandteilen, die wiederum ganz überwiegend durch die Kapitaldienstkosten bedingt sind. Beide Werksgruppen streben daher nach voller Ausnützung der Anlagen, um die festen Kosten auf eine möglichst große Zahl von Energieeinheiten verteilen zu können.

Der Strom- und Gasverbrauch weist erhebliche Schwankungen sowohl innerhalb eines einzelnen Tages als auch zwischen den verschiedenen

---

[1]) »Der Werbeleiter« 1930, Sonderheft S. 19.
[2]) »Gas- und Wasserfach« 1928, Heft 35, S. 856.
[3]) Müller-Mörtzsch, »Vergleichsgrundlagen« S. 10.

Jahreszeiten auf. Die Stromerzeugungsanlagen müssen, da eine wirtschaftliche, direkte Speicherungsmöglichkeit nicht besteht, in ihrer Leistungsfähigkeit der höchsten Momentanbedarfsspitze entsprechen. Die Ausbaugröße der Gaswerksanlagen wird dagegen nur durch die im Jahre auftretende höchste Tagesabgabe bedingt, da die während eines Tages auftretenden Abgabeschwankungen durch die Gasspeicher ausgeglichen werden. Die Fortleitungs- und Übergabeanlagen müssen sowohl bei den Gas- als auch bei den Elektrizitätswerken nach der jeweils auftretenden größten Bedarfsmenge bemessen sein.

Von den Gaswerken können infolge der Speicherungsmöglichkeit die festen Kosten zu einem großen Teil auf die Gesamtabgabe gleichmäßig umgelegt werden. Bei den Elektrizitätswerken würde ein derartiges Verfahren den Selbstkostenverhältnissen nicht gerecht, sondern hier sind den einzelnen Abnehmern, je nach dem Ausmaß der durch sie bedingten zusätzlichen Anlagenbelastungen, verschiedene Kapitaldienstkosten in Rechnung zu stellen.

Somit ist für die Kochstrompreiskalkulation die durch die Kochenergielieferung bedingte zusätzliche Belastung der Elektrizitätswerksanlagen ausschlaggebend.

Die im Einzelhaushalt auftretenden Kochhöchstbelastungen liegen beträchtlich unter den Herdanschlußwerten. Im Haushalt des Verfassers betrugen bei einem 5,7-kW-Vollherd die Kochhöchstbelastungen meistens weniger als 3 kW und nur an 5 von insgesamt 20 näher erfaßten Tagen zwischen 3,0 und 3,6 kW. — Durchschnittlich kann angenommen werden, daß im Einzelhaushalt die Kochhöchstleistungen von Vollherden etwa bei 50 bis 60 % und von Kleinherden etwa bei 60 bis 70 % des Herdanschlußwertes liegen.

Werden Haushaltgruppen beliefert, so liegt der auf den Einzelhaushalt entfallende Anteil an der Kochstromgesamtbelastung des Speisepunktes ganz erheblich unter den im einzelnen Haushalt auftretenden Kochhöchstbelastungen und zwar um so mehr, je größer die Haushaltgruppe ist. Infolgedessen haben die Elektrizitätswerke an der Kochstrombelieferung zusammenliegender Haushaltgruppen im allgemeinen weitaus mehr Interesse als an der Versorgung vereinzelt liegender Haushaltungen.

Bei der Kochstromlieferung tritt zur Frühstücks- und Abendbrotzeit je eine verhältnismäßig geringe und zur Zeit der Zubereitung des Hauptessens — also meistens mittags, bei durchgehender Arbeitszeit dagegen nachmittags — eine beachtliche Belastungsspitze auf.

Zur Ermittlung der zusätzlichen Belastungen müssen sowohl die auftretenden Kochbelastungskurven als auch der bisherige Belastungsverlauf der einzelnen Hauptanlageteile bekannt sein. Eingehende Untersuchungen sind vor allem über die Auswirkung auf die Kraftwerksanlagen durchgeführt worden. Sofern mittags die tägliche Kochhöchst-

last und an Winternachmittagen die Kraftwerksjahreshöchstlast auftritt, wird die letztere zunächst nur um die verhältnismäßig niedrige,
zeitgleiche Nachmittagskochlast erhöht. Erst bei starker Verbreitung
des elektrischen Kochens, nach Überschreiten des optimalen Anschluß-
prozentsatzes, bedingt jeder weitere Kochstromabnehmer eine Erhöhung um die beträchtliche Mittagskochlast. In Versorgungsgebieten mit durchgehender Arbeitszeit liegen die Verhältnisse weniger
übersichtlich.

Während der grundsätzliche Verlauf der Kochbelastungen weitgehend geklärt ist, herrscht über ihre Höhe, wie eine Gegenüberstellung
der bisherigen Forschungsergebnisse zeigt, noch ziemliche Unklarheit.
Die Angaben hierüber weichen größtenteils sehr erheblich voneinander
ab, was zum Teil auf die Ermittlungsmethoden und vorwiegend auf die
Mannigfaltigkeit der beeinflussenden Faktoren zurückzuführen ist.
Hier sind besonders von ausschlaggebender Bedeutung die jeweiligen
Lebensverhältnisse, die sehr verschieden sein können, so daß vor Einführung des elektrischen Kochens in einem bestimmten Gebiet aus den
in einer anderen Gegend gewonnenen Kochbelastungen nur ungenügende
Rückschlüsse gezogen werden können.

Auch über die Höhe des Jahreskochstromverbrauches liegen zur
Zeit nur wenig übereinstimmende Angaben vor, da ebenso wie bei der
Belastungshöhe mannigfache Faktoren von Einfluß sind. Auch hier ist
die jeweilige Lebensweise der Bevölkerung von großer Bedeutung.

Der Kapitaldienstkostenanteil einer Kilowattstunde ist, wie eine
auf das elektrische Kochen in Siedlungsneubauten abgestellte Wirtschaftlichkeitsbetrachtung zeigt, um so höher, je niedriger der Jahreskochstromverbrauch ist; er hängt von der Höhe der jeweiligen Kochstrombelastungen ab und wächst besonders an, wenn bei größerer Verbreitung des elektrischen Kochens die zusätzliche Belastung der Anlagen durch die Kochhöchstlast bestimmt wird.

Der für die Einführung des elektrischen Kochens erforderliche
Kapitalaufwand ist bei Siedlungsneubauten weitaus geringer als bei
Altbauwohnvierteln, wodurch sich entsprechende Auswirkungen auf
die Höhe der Kapitaldienstanteile je kWh ergeben.

Ein wichtiger Anhalt über die in einem bestimmten Gebiet jeweils
zu erwartenden Kochstrombelastungen und -jahresverbrauchsmengen
kann durch Heranziehung von Kochgasabgabewerten gewonnen werden.
In der Fachliteratur ist bisher hierauf sehr wenig Bezug genommen
worden.

Nähere Untersuchungen zeigen, daß die für die Verhältnisse der
Gaswerke ausreichenden Stundenabgabewerte für einen Vergleich nicht
herangezogen werden können, sondern daß kurzzeitige Messungen, etwa
alle 10 Minuten, notwendig sind, die in den untersuchten Fällen erheblich, und zwar bis zu 54%, über den Stundenleistungen liegen.

Aus den Gesamtabgabeleistungen muß die Kochgasabgabe heraus-
geschält werden, wofür eine Methode in der Arbeit entwickelt ist. Dem
gezeigten Verfahren haften zwar nicht unerhebliche Fehler an, doch sind
diese vielleicht sogar geringer als die Methodenfehler bei der Ausfindig-
machung von Kochstrombelastungskurven. Die Fehler werden noch in
ihrer Auswirkung dadurch gemildert, daß meistens die Kochgasabgabe
den ganz überwiegenden Hauptanteil der Gesamtabgabe ausmacht.
Ist die Kochgasabgabe je Haushalt ermittelt, so ist zur Umrechnung
in elektrische Leistungen eine Multiplikation mit der Äquivalenzziffer
erforderlich. Für zwei schweizerische städtische Gaswerke durchgeführte
Beispiele zeigen in ihren Ergebnissen eine gute Übereinstimmung mit
Schweizer Kochstromleistungen.

Ebenso wie für die Höhe der Leistungen können auch für die bei
der Kochstromlieferung zu erwartenden Verbrauchsmengen Gaswerte
herangezogen werden, was in erster Linie eine statistische Aufgabe ist.

Durch entsprechende Untersuchungen ist auch der Einfluß von der
jeweiligen Jahreszeit, von Wochen- oder Sonntagen, der Mitbenutzung
von Kohlenherden, Zentralheizung, Warmwasserbereitern usw. für das
erfaßte Versorgungsgebiet näher zu umreißen.

Es ist anzustreben, daß in Zukunft zur Beseitigung der Unklarheiten
über die beim elektrischen Kochen zu erwartenden Verhältnisse Kochgasabgabewerte ermittelt und verwendet werden.

## Schlußbetrachtung.

Bisweilen ist die Forderung aufgestellt worden: »Dem Gas die
Wärmeversorgung, der Elektrizität die Licht- und Kraftversorgung«[1].

Hierbei liegt die Annahme zugrunde, daß jede der beiden Energiearten für das ihr zugewiesene Gebiet besonders und für die anderen
weniger geeignet sei. Die Ausführungen der vorstehenden Arbeit beweisen jedoch, daß die Elektrizität sehr wohl auch für die Wärmeversorgung des Haushaltes geeignet ist und in Betracht kommt, und
daß anderseits das Gas, wie ebenfalls dargelegt wurde, in der öffentlichen
Beleuchtung noch eine sehr beachtliche Bedeutung hat.

Infolgedessen wird die in der obigen Forderung angestrebte Tren-
nung nach sachlichen Arbeitsgebieten den tatsächlichen Verhältnissen
nicht gerecht und dürfte daher wenig Aussicht auf Verwirklichung haben.

Es ergibt sich die Frage, ob in der Haushaltenergieversorgung für
Kochen und Warmwasserbereitung vielleicht eine gewisse Arbeitsteilung

---

[1] Technische Monatsblätter für Gasverwendung 1930, Heft 6, S. 84.

zwischen Gas und Elektrizität nach räumlichen Gebieten möglich ist. Abgesehen davon, daß auch eine diesbezügliche Regelung kaum allgemein, sondern nur zwischen einzelnen Werken getroffen werden könnte, wird sie um so eher durchführbar sein, je mehr sie den gegebenen wirtschaftlichen Verhältnissen entspricht. Über die in dieser Hinsicht sich bereits zeigende Entwicklung kann unter ausdrücklichem Hinweis auf zahlreiche Ausnahmefälle zur Zeit etwa folgendes gesagt werden:

Bereits mit Gas versorgte Gebiete, also besonders in Städten und größeren Gemeinden, werden auch in Zukunft in erster Linie dem Gas vorbehalten bleiben. Eine Einführung des elektrischen Kochens würde hier eine Kapitaldoppelinvestierung bedeuten und außerdem, gemäß den Ausführungen über Installation in Altwohngebieten, sehr erhebliche Kosten verursachen.

In Überlandgebieten, in denen bereits eine Strom-, dagegen noch keine Gasversorgung vorhanden ist, wird für die Haushaltwärmeversorgung vorwiegend die Elektrizität in Frage kommen. Gegen die Verbreitung des Gaskochens sprechen die hierdurch bedingte Doppelkapitalanlage und ferner die in dünn besiedelten Gebieten sehr hohen anteiligen Aufwendungen je Abnehmer.

Siedlungsneubauten in städtischen Randgebieten werden voraussichtlich, wie schon bisher, häufig Kampfgebiete zwischen Elektrizität und Gas sein, da hier für beide Energiearten besonders günstige Voraussetzungen vorliegen.

Es erscheint daher dringend notwendig, daß vor der endgültigen Entscheidung über die Energieversorgung von Neubausiedlungen stets eingehende Untersuchungen und Wirtschaftlichkeitsberechnungen durchgeführt werden. Hierbei ist ein Zusammenarbeiten von Elektrizitäts- und Gaswerken zur Klärung der voraussichtlichen Belastungsverhältnisse und Verbrauchsmengen in dem in der Arbeit dargelegten Sinne anzustreben.

Stets muß leitender Grundsatz sein: Nicht einseitige Elektrizitätswirtschaft und ebenso auch nicht einseitige Gaswirtschaft, sondern übergeordnete Energiewirtschaft im Interesse der gesamten Volkswirtschaft.

Abb. 29.
Versuchsküche des Verfassers: Gesamtansicht.

Anlage III.

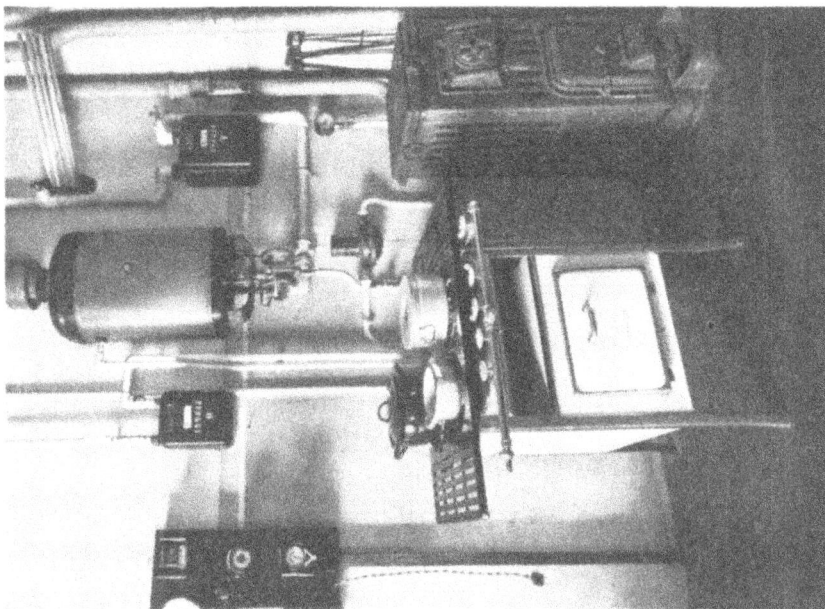

Abb. 31.
Versuchsküche, vorwiegend Gasgeräte und -Meßeinrichtungen.

Anlage II.

Abb. 30.
Versuchsküche, vorwiegend elektrische Geräte und Meßeinrichtungen.

Tautenhahn, Kochen.

8

Anlage IV.

Schaltbild
der elektrischen Meßeinrichtungen der Versuchsküche.

Der erste Teil dieser Arbeit, in dem die Untersuchung vom Standpunkt des Verbrauchers aus geführt wird, erschien gleichzeitig als Sonderausgabe unter dem Titel:

# Speisenbereitung im Haushalt

## mit Elektrizität oder Gas

von Dr. rer. oec. Rud. Tautenhahn. 63 Seiten. Gr.-8⁰. 1933. Brosch. Mk. 2.—.
(Partiepreise: 6—10 Stück je Mk. 1.80, 16—30 Stück je Mk. 1.70, 31 und
mehr Stück je Mk. 1.60.

---

**Die Stromtarife der Elektrizitätswerke.** Theorie und Praxis. Von H. E. Eisenmenger. Deutsche Bearb. von A. G. Arnold. 254 S., 67 Abb. Gr.-8⁰. 1929. Brosch. Mk. 11.70, in Leinen geb. Mk. 13.50.

**Anlage- und Verbrauchskosten der Heiz- und Kochanlagen in bayer. Siedlungen.** Von Dr. Rob. Franz. 65 S., 15 Tab., 12 Taf. Gr.-8⁰. 1933. Brosch. Mk. 2.50.

**Warmwasser.** Erzeugung und Verteilung. Von Gewerbe-Studienrat Wilh. Heepke. 3. Aufl. 579 S., 427 Abb., 90 Zahlentaf. Gr.-8⁰. 1929. Brosch. Mk. 23.40, in Leinen geb. Mk. 25.20.

**Heizung und Lüftung. Warmwasserversorgung, Befeuchtung und Entnebelung.** Leitfaden für Architekten und Bauherren. Von Ing. M. Hottinger. 300 S., 210 Abb., 64 Zahlentaf. Gr.-8⁰. Brosch. Mk. 13.—, in Leinen geb. Mk. 14.80.

**Elektro-Wärmeverwertung** als ein Mittel zur Erhöhung des Stromverbrauches. Von Ing. R. Kratochwil. 2. Aufl., 703 S., 431 Abb. Gr.-8⁰. 1927. Brosch. Mk. 34.60, in Leinen geb. Mk. 36.—.

**Wärmewirtschaft in Haushalt und Handwerk.** Von Dipl.-Ing. K. Polaczek. 36 S. Gr.-8⁰. 1926. Brosch. Mk. 1.40.

**Selbstkostenberechnung elektrischer Arbeit.** Ihr Aufbau und ihre Durchführung. Von Dr.-Ing. Herm. Rückwardt. 148 S., 37 Abb., 29 Zahlentaf. Gr.-8⁰. 1933. Brosch. Mk. 9.50.

**Gesundheitstechnik im Hausbau.** Von Prof. R. Schachner. 445 S., 205 Abb. Gr.-8⁰. 1926. Brosch. Mk. 18.—, in Leinen geb. Mk. 19.80.

**Heimtechnik.** Von Dr.-Ing. Ludwig Schultheiß. 168 S., 127 Abb., 23 Zahlentaf. Gr.-8⁰. 1929. Brosch. Mk. 7.60.

---

R. OLDENBOURG / MUNCHEN 1 UND BERLIN

www.ingramcontent.com/pod-product-compliance
Lightning Source LLC
Chambersburg PA
CBHW081231190326
41458CB00016B/5738